Wissenschaftliche Taschenbücher WTB

Biologie

Enzyme und energiebereitstellende Reaktionen des Stoffwechsels

Dynamische Biochemie Teil II

THEORIA CUM PRAXI

Akademie-Verlag · Berlin

WTB Wissenschaftliche Taschenbücher

GÜNTHER WAGNER / HANS KÜHMSTEDT
Pharmazeutische Chemie

ROLF SCHÖLLNER
Die Oxydation organischer Verbindungen mit Sauerstoff

ULRICH BEHRENS / MANFRED RINGPFEIL
Mikrobielle Polysaccharide

MARTIN FINKE / WALTER LEIPNITZ
Moderne Methoden der Erdölanalyse

ERICH GUNDERMANN
Chemie und Technologie des Braunkohlenteers

GERHARD KEMPTER
Struktur und Synthese von Vitaminen

FRIEDRICH JACOB
Bewegungsphysiologie der Pflanzen

HELLMUTH GÄBLER
Forstschutz

ALFRED PALISSA
Bodenzoologie in Wissenschaft, Naturhaushalt und Wirtschaft

LUDWIG SPANNHOF
Zellen und Gewebe der Tiere

JOACHIM RIEMER
Quantitative organische Mikroanalyse

ALFRED FRIESER
Mikrowellenmeßtechnik

HANS-WERNER NOLTE
Pflanzenschutz in der Landwirtschaft

WERNER HABERDITZL
Magnetochemie

HARRY PAUL
Lasertheorie, Teil I und II

D. TER HAAR
Quantentheorie

J. H. SANDERS
Die Lichtgeschwindigkeit

JEAN KUNTZMANN
Unendliche Reihen

JEAN KUNTZMANN
Systeme von Differentialgleichungen

JEAN KUNTZMANN
Komplexe Veränderliche

FERDINAND CAP
Einführung in die Plasmaphysik
I. Theoretische Grundlagen

FERDINAND CAP
Einführung in die Plasmaphysik
II. Wellen und Instabilitäten

FERDINAND CAP
Einführung in die Plasmaphysik
III. Magnetohydrodynamik

J. A. ROSANOW
Wahrscheinlichkeitstheorie

HARRY PFEIFER
Theorie linearer Bauelemente
Elektronik für den Physiker I

HARRY PFEIFER
Die Elektronenröhre
Elektronik für den Physiker II

HARRY PFEIFER
Schaltungen mit Elektronenröhren
Elektronik für den Physiker III

HARRY PFEIFER
Leitungen und Antennen
Elektronik für den Physiker IV

HARRY PFEIFER
Mikrowellenelektronik
Elektronik für den Physiker V

HARRY PFEIFER
Halbleiterelektronik
Elektronik für den Physiker VI

STEPHEN G. BRUSH
Kinetische Theorie, Teil I und II

EBERHARD HOFMANN
Eiweiße und Nucleinsäuren als biologische Makromoleküle
Dynamische Biochemie, Teil I

EBERHARD HOFMANN
Enzyme und energieliefernde Stoffwechselreaktionen
Dynamische Biochemie, Teil II

EBERHARD HOFMANN
Intermediärstoffwechsel
Dynamische Biochemie, Teil III

EBERHARD HOFMANN
Grundlagen der Molekularbiologie und Regulation des Zellstoffwechsels
Dynamische Biochemie, Teil IV

HERBERT GOERING
Elementare Methoden zur Lösung von Differentialgleichungsproblemen

PETER KRUMBIEGEL
Isotopieeffekte

D. M. BRINK
Kernkräfte

DIETER ONKEN
Steroide

DIETER KLAUA
Elementare Axiome der Mengenlehre
Einführung in die Allgemeine Mengenlehre 1

GÜNTER TEMBROCK
Grundlagen der Tierpsychologie

J. P. VINSON
Optische Kohärenz in der klassischen Theorie und in der Quantentheorie

W. R. HINDMARSH
Atomspektren

GÜNTER TEMBROCK
Biokommunikation
Informationsübertragung im biologischen Bereich
Teil I und II

DIETER MERKEL
Riechstoffe

JOHN CUNNINGHAM
Vektoren

ERNST SCHMUTZER
Symmetrien und Erhaltungssätze der Physik

GERHARD LERCH
Pflanzenökologie

MICHAEL GÖSSEL
Angewandte Automatentheorie, Band I

MICHAEL GÖSSEL
Angewandte Automatentheorie, Band II

HEINRICH KINDLER
Der Regelkreis

A. R. KESSEL
Akustische Kernresonanz

WOLFRAM BRAUER / HANS-WALDEMAR STREITWOLF
Theoretische Grundlagen der Halbleiterphysik

HARRY PAUL
Nichtlineare Optik, Teil I und II

DIETER KLAUA
Grundbegriffe der axiomatischen Mengenlehre
Teil 1 und 2
Einführung in die Allgemeine Mengenlehre II

E. G. GOLSTEIN
Konvexe Optimierung

EBERHARD TEUSCHER
Pharmakognosie, Teil I und II

SIEGFRIED HAUPTMANN
Über den Ablauf organisch-chemischer Reaktionen

A. S. SONIN / B. A. STRUKOW
Ferroelektrizität

L. A. SKORNJAKOW
Elemente der Verbandstheorie

HANS-MARTIN BARCHET
Chemie photographischer Prozesse

R. A. R. TRICKER
Frühe Elektrodynamik

N. D. SHEWANDROW
Polarisation des Lichtes

A. A. SMIRNOW
Metallphysik

VOLKER KEMPE
Theorie stochastischer Systeme

ROLF BORSDORF / MANFRED SCHOLZ
Spektroskopische Methoden in der organischen Chemie

KLAUS ODENING
Parasitismus

WOLFGANG PAULI
Vierpoltheorie
und ihre Anwendung auf elektronische Schaltungen

DIETER KLAUA
Kardinal- und Ordinalzahlen, Teil 1 und 2
Einführung in die Allgemeine Mengenlehre III

R. A. R. TRICKER
Die Beiträge von Faraday und Maxwell zur Elektrodynamik

HANS DAWCZYNSKI
Temperaturbeständige Faserstoffe aus organischen Polymeren

HANS DAWCZYNSKI
Temperaturbeständige Faserstoffe aus anorganischen Polymeren

HELMUT FRIEMEL / JOSEF BROCK
Grundlagen der Immunologie

GERALD WOLF
Neurobiologie

HORST KEHLEN / FRANK KUSCHEL / HORST SACKMANN
Grundlagen der chemischen Kinetik

HANS BERGNER
Tierernährung

ULRICH SEDLAG
Biologische Schädlingsbekämpfung

MARTIN SCHMIDT
Pflanzenschutz im Gartenbau

WOLFGANG WAGNER
Chemische Thermodynamik

HANNELORE FISCHER / JOACHIM PIEHLER
Modellsysteme der Operationsforschung

ALBERT EINSTEIN
Grundzüge der Relativitätstheorie

ALBERT EINSTEIN
Über die spezielle und die allgemeine Relativitätstheorie

MICHAEL GÖSSEL
Wahrscheinlichkeitsautomaten und Zufallsfolgen

HANS-JÜRGEN TREDER
Elementare Kosmologie

PETER PAUFLER / DIETER LEUSCHNER
Kristallographische Grundbegriffe der Festkörperphysik

PAUL HOFFMANN
Photosynthese

WOLFGANG MEILING
Kernphysikalische Elektronik

WERNER DÖPKE
Stereochemie organischer Verbindungen

SIEGFRIED BREHMER
Einführung in die Maßtheorie

ULRICH RÖSEBERG
Determinismus und Physik

I. S. SHELUDEW
Elektrische Kristalle

EBERHARD HOFMANN
Enzyme und energiebereitstellende Reaktionen des Stoffwechsels
Dynamische Biochemie, Teil II

Vorschau auf die nächsten Bände:

REGINE WITKOWSKI / FALKO H. HERRMANN
Einführung in die klinische Genetik

WOLFGANG SCHÄFER
Theoretische Grundlagen der Stabilität technischer Systeme

VOLKER KEMPE
Analyse stochastischer Systeme, Teil I

WTB

BAND 37

Eberhard Hofmann

Enzyme und energiebereitstellende Reaktionen des Stoffwechsels

Dynamische Biochemie II

3., bearbeitete und erweiterte Auflage

Mit 42 Abbildungen und 11 Tabellen

AKADEMIE-VERLAG · BERLIN

Reihe BIOLOGIE

Herausgeber:
Prof. Dr. H. Borriss, Greifswald
Prof. Dr. E. Hofmann, Leipzig
Prof. Dr. J. O. Hüsing, Halle/Saale
Prof. Dr. H. Bochow, Berlin
Prof. Dr. H. Böhme, Gatersleben

Verfasser:
Prof. Dr. Eberhard Hofmann
Leipzig

1975

Lizenznummer: 202 · 100/579/75
Herstellung: VEB Druckhaus „Maxim Gorki", 74 Altenburg
Bestellnummer: 761 396 3 (7037) · LSV 1314
Printed in GDR
EVP: 8,–

Inhaltsverzeichnis

1. Katalyse und Enzyme

Leben ist ohne Katalyse unvorstellbar, da jede in der belebten Materie ablaufende biochemische Reaktion durch einen Katalysator in Gang gebracht und gesteuert wird. Die Katalysatoren der belebten Welt sind Eiweiße. Sie werden Enzyme oder Fermente genannt. Die allgemeine *Definition* eines *Katalysators* ist: er ist ein Stoff, der eine chemische Reaktion oder Reaktionsfolge beschleunigt und diese in ihrer Richtung bestimmt, ohne selbst im Endprodukt zu erscheinen.

Man erkennt, daß diese Definition *drei* wesentliche *Elemente* enthält: a) Reaktionsbeschleunigung durch den Katalysator, b) beim Vorliegen verschiedener Reaktionsmöglichkeiten wählt der Katalysator eine bestimmte aus (z. B. wird ein Gemisch aus Kohlenmonoxid und Wasserstoff in Gegenwart von feinverteiltem Nickel als Katalysator zu Methan, durch den Mischkatalysator Zinkoxid-Chromoxid jedoch zu Methanol umgesetzt), c) ein Katalysator geht aus der Reaktion unverändert hervor.

Diese Definition eines Katalysators trifft prinzipiell auch für Enzyme zu. Enzymkatalysierte Reaktionen unterliegen denselben Gesetzmäßigkeiten wie die katalysierten Reaktionen der unbelebten Welt. Gegenüber letzteren zeichnen sich die Enzyme jedoch durch wesentlich größere Umsatzraten und höhere Spezifitäten sowohl im Hinblick auf die Auswahl der umgesetzten Stoffe (die man bei den enzymkatalysierten Reaktionen *Substrate* nennt) als auch hinsichtlich der eingeschlagenen Reaktionsrichtung aus. Darüber hinaus besitzen die Enzyme zahlreiche kinetische Besonderheiten, die durch ihre Eiweißnatur bedingt sind. In diesem Zusammenhang sind insbesondere ihre Temperatur- und pH-Abhängigkeiten zu erwähnen.

1.1. Die Triebkraft einer chemischen Reaktion und Aktivierungsenergie

Die *Triebkraft* einer chemischen Reaktion wird von der Differenz der freien Enthalpie (ΔG) zwischen den Ausgangsstoffen und den Endprodukten bestimmt (s. Kapitel Biochemische Thermodynamik). Bei einer von selbst ablaufenden Reaktion ist ΔG negativ. Diese Reaktion verläuft unter Abgabe von Energie in Form von nutzbarer Arbeit. Ist ΔG positiv, dann muß zum Ablauf der Reaktion Energie aus der Umgebung aufgenommen werden. Die Lage des Gleichgewichtes und die Größe der Gleichgewichtskonstanten K hängen von der Änderung der freien Standard-Enthalpie ΔG_0 wie folgt ab:

$$-\Delta G^0 = R \cdot T \ln K.$$

Es ist jedoch eine allgemeine Erfahrung, daß trotz negativem ΔG bei großen Unterschieden im Energieinhalt von Ausgangssubstanz und Endprodukt die Reaktion sehr oft nicht in Gang kommt bzw. nur mit sehr kleiner Geschwindigkeit abläuft. Es muß eine *Reaktionsträgheit* überwunden werden. Dies wird erreicht, indem man dem System einen bestimmten Energiebetrag, die sog. *Aktivierungsenergie*, von außen zuführt. Wasserstoff verbrennt in einer Sauerstoffatmosphäre erst bei *Temperaturerhöhung*, d. h. nach Energiezufuhr, z. B. nach dem Überspringen eines Funkens.

In Abbildung 1 ist das *Energieprofil* einer chemischen Reaktion wiedergegeben. Das Ausgangssubstrat besitzt einen höheren Energie-Inhalt als die Produkte. Bei der Umwandlung des Substrates in die Produkte entlang der Reaktionskoordinate wird der Differenzbetrag in Form von freier Enthalpie ΔG abgegeben. Damit die Reaktion in Gang kommt, muß Energie in Form der Aktivierungsenergie A_0 hinzugefügt werden, wodurch die anfängliche Reaktionshemmung beseitigt wird.

Nach der kinetischen Stoßtheorie kann es zwischen zwei Teilchen A und B

$$A + B \rightarrow C + D$$

dann zu einer chemischen Reaktion kommen, wenn sie mit einem bestimmten Minimalbetrag an *kinetischer Energie* aufeinandertreffen. Dabei ist bekannt, daß nicht jeder derartige Stoß erfolgreich ist. Von beträchtlichem Einfluß sind Stoßrichtung, sterische Faktoren, Solvatation und andere Parameter, die wir in diesem Zusammenhang nicht ausführlich besprechen können. Das Gesagte macht verständlich, daß eine *Temperaturerhöhung*, bei der die kinetische Energie der Teilchen erhöht wird, die Häufigkeit der erfolgreichen Zusammenstöße vergrößert und so die Reaktionsgeschwindigkeit steigert. Die Reaktionsgeschwindigkeits-Temperatur-Regel (RGT-Regel) von VAN'T HOFF besagt, daß die Reaktionsgeschwindigkeit einer chemischen Reaktion bei einer Temperaturerhöhung von 10 °C um das Doppelte bis Vierfache steigt (Q_{10} ist 2—4).

ARRHENIUS untersuchte die Abhängigkeit der Reaktionsgeschwindigkeit von der Temperatur genauer und fand eine lineare Beziehung zwischen dem Logarithmus der Reaktionskonstanten ln k (s. S. 14f.) und dem reziproken Wert der absoluten Temperatur

$$\ln k = \ln A - \frac{E_A}{RT}, \qquad (1)$$

E_A ist die *Aktivierungsenergie* und R die allgemeine Gaskonstante. Die Aktivierungsenergie stellt den Energiebetrag dar, den die Teilchen für einen erfolgreichen Zusammenstoß besitzen müssen. Durch Entlogarithmierung erhält man

$$k = Ae^{-\frac{E_A}{RT}} \cdot \qquad (2)$$

Der Faktor A ist das Produkt aus

$$A = P \cdot Z \qquad (3)$$

wobei Z die Stoßhäufigkeit und P einen sterischen Faktor darstellen.

Der Exponent in Gleichung (2) bedeutet den Anteil der Moleküle in einem gegebenen System, deren Energieinhalt gleich oder größer ist als die erforderliche Aktivierungsenergie. Die Gleichung demonstriert, daß bei gegebener Temperatur die Zahl der reaktionsfähigen Moleküle umgekehrt proportional zur Aktivierungsenergie ist.

Die Aktivierungsenergie ermittelt man graphisch, indem man den Logarithmus der Reaktionskonstanten gegen die reziproke Temperatur aufträgt. Aus der Neigung der resultierenden Geraden läßt sich dann die Aktivierungsenergie auf einfache Weise errechnen.

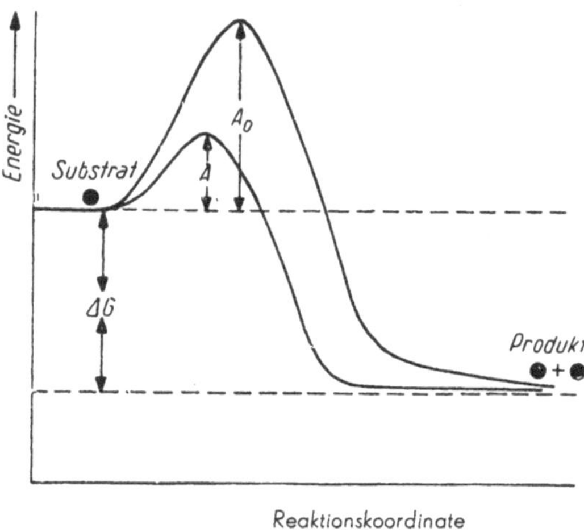

Abb. 1. Erniedrigung der Aktivierungsenergie durch einen Katalysator
A_0 = Aktivierungsenergie ohne Katalysator
A = Aktivierungsenergie mit Katalysator

Die Wirkungsweise eines *Katalysators* besteht darin, bei konstanter Temperatur die Reaktionsfähigkeit der Moleküle zu erhöhen und dadurch die *Aktivierungsenergie herabzusetzen*.

Ein Beispiel sei zur Erläuterung angeführt: Bei der Spaltung des Wasserstoffperoxides in Wasser und Sauerstoff ist eine Aktivierungsenergie von 18000 cal/Mol nötig. Bei Verwendung von kolloidalem Platin als Katalysator beträgt die Aktivierungsenergie der Spaltung 11700 cal/Mol., bei Anwesenheit des Enzyms Katalase werden lediglich 5500 cal/Mol. als Aktivierungsenergie benötigt (Abb. 1). Die bei Anwesenheit des Katalysators erforderliche Aktivierungsenergie A ist kleiner als die bei seiner Abwesenheit (A_0).

Die Erniedrigung der Aktivierungsenergie ist die Ursache für die Fähigkeit eines Katalysators, die Reaktionsgeschwindigkeit zu erhöhen.

Dadurch hat bei Anwesenheit eines Katalysators ein größerer Teil der Moleküle die für einen erfolgreichen, d. h. die Reaktion bewirkenden, Stoß erforderliche minimale kinetische Energie als bei dessen Abwesenheit.

1.2. Der Enzym-Substrat-Komplex und die Theorie des Übergangszustandes

Aus den Darlegungen des vorangegangenen Abschnittes geht hervor, daß ein Enzym die Geschwindigkeit einer Reaktion erhöht, in dem es ihre Aktivierungsenergie herabsetzt, wodurch die Zahl der reaktionsfähigen Moleküle ansteigt.

Was sind die Ursachen für die Erniedrigung der Aktivierungsenergie durch ein Enzym? Die Antwort auf diese Frage ist, daß das Enzym eine Verbindung mit seinem Substrat eingeht und dabei einen sog. *Enzym-Substrat-Komplex* bildet. In dieser Verbindung kommt es zu einer von der Wirkungsweise und Spezifität des Enzyms abhängenden Lockerung bestimmter Bindungen im Substrat, die zu seiner Aktivierung führen. Dadurch steigt dessen Reaktionsfähigkeit an.

Die Vorstellung von der Entstehung eines kurzlebigen und in die Reaktionsprodukte zerfallenden Enzym-Substrat-Komplexes wurde von MICHAELIS und MENTEN im Jahre 1913 auf Grund der kinetischen Analyse von Enzymreaktionen entwickelt. Erst 40 Jahre nach diesen grundlegenden Arbeiten über die Wirkungsweise von Enzymen konnten bei einigen Enzymen direkt Enzym-Substrat-Verbindungen nachgewiesen werden. Dadurch fanden die Arbeiten von MICHAELIS und MENTEN eine glänzende Bestätigung.

Im *Enzym-Substrat-Komplex* befindet sich das *Substrat* infolge seiner Wechselwirkungen mit dem Enzymmolekül in einem reaktionsfähigen *Übergangszustand*, der sich im chemischen Gleichgewicht mit der Ausgangsform des Substrates und den Reaktionsprodukten befindet. In dem Übergangszustand sind die zu spaltenden Bindungen im Substratmolekül so gelockert, daß sie mit sehr geringem Aufwand an Aktivierungsenergie, z. B. allein durch Vibrationsschwingungen, gespalten werden können. Die Reaktionsgeschwindigkeit ist proportional der Konzentration des Übergangszustandes. Darauf gründet sich die Theorie der absoluten Reaktionsgeschwindigkeiten.

Es sei vermerkt, daß innerhalb des Enzym-Substrat-Komplexes in der Regel mehrere Stufen durchlaufen werden, die durch Energiebarrieren voneinander getrennt sind (Abb. 2). Diejenige Stufe unter ihnen mit der größten Aktivierungsenergie wird am langsamsten verlaufen und stellt demzufolge den eigentlichen geschwindigkeitsbestimmenden Schritt der Enzymreaktion dar (Abb. 2, A″). In diesem Falle läßt sich eine Enzymreaktion in folgende Teilreaktionen zerlegen.

$$E + S \rightleftharpoons ES' \rightleftharpoons ES'' \rightleftharpoons ES''' \rightleftharpoons P + E.$$

Für Enzymreaktionen, wie für katalysierte Reaktionen überhaupt, ist folgende Feststellung von fundamentaler

Bedeutung: Das Prinzip der mikroskopischen Reversibilität einer chemischen Reaktion fordert, daß die Rückreaktion auf demselben Weg vor sich geht wie die Hin-

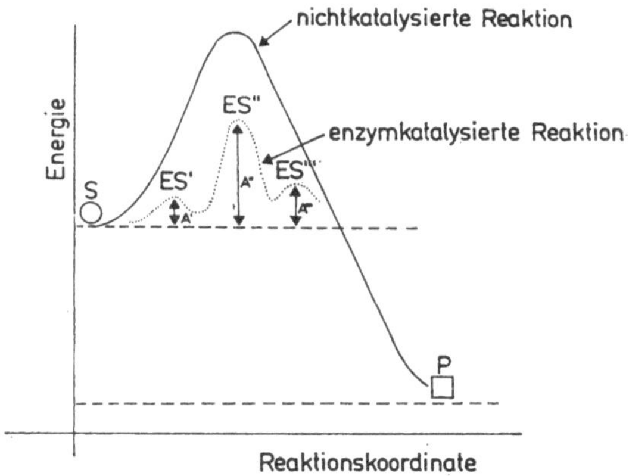

Abb. 2. **Energiebarrieren bei einer mehrstufigen enzymkatalysierten Reaktion (die entsprechende nichtkatalysierte Reaktion ist zur Vereinfachung des Bildes als einstufig verlaufend angenommen)**

reaktion. Daraus und aus den obigen Darlegungen geht hervor, daß das Enzym die Reaktion nicht nur in einer Richtung beschleunigt, sondern sie um den gleichen Faktor auch in der anderen Richtung beschleunigen muß. Daraus ergibt sich, daß ein Enzym das *chemische Gleichgewicht* zwischen Ausgangsstoffen und Endprodukten gegenüber der nichtkatalysierten Reaktion *nicht verändert.*

Bevor wir uns den Reaktionsmechanismen von Enzymen zuwenden, werden zunächst in den folgenden Kapiteln die Gesetze besprochen, die dem Ablauf von chemischen Reaktionen zugrunde liegen.

1.3. *Grundlagen der Reaktionskinetik*

1.3.1. *Reaktionsordnungen*

Eine Voraussetzung für das Verständnis der Enzymwirkung ist die Kenntnis der Gesetzmäßigkeiten der allgemeinen Reaktionskinetik. Diese Gesetze liegen jeder chemischen, also auch jeder enzymatischen Reaktion zugrunde.

Im Mittelpunkt der Reaktionskinetik steht die *Reaktionsgeschwindigkeit*. Man versteht darunter die Zahl der in der Zeiteinheit verschwindenden Moleküle des Ausgangsstoffes S bzw. die Zahl der in der Zeiteinheit entstehenden Moleküle des Reaktionsproduktes P.

$$S \rightarrow P$$

$$v = -\frac{\mathrm{d}S}{\mathrm{d}t} = +\frac{\mathrm{d}P}{\mathrm{d}t}. \tag{4}$$

Liegt die Substanz S in der Konzentration c vor, dann ergibt sich

$$v = -\frac{\mathrm{d}c}{\mathrm{d}t}. \tag{5}$$

In unserem Fall sei die Geschwindigkeit der Umwandlung von S nach P völlig unabhängig von anderen anwesenden oder auftretenden Molekülarten. Es leuchtet dann ein, daß die Reaktionsgeschwindigkeit v der Zahl der in der Volumeneinheit vorhandenen Moleküle S, d. h. der Konzentration c zu einer beliebigen Zeit t proportional ist.

$$v = -\frac{\mathrm{d}c}{\mathrm{d}t} = k \cdot c. \tag{6}$$

k ist dabei die sog. *Geschwindigkeitskonstante*. Eine Reaktion, die dieser Gesetzmäßigkeit folgt, bezeichnet man als Reaktion 1. Ordnung.

Um einen formalen Ausdruck über das Verhalten der Konzentration c als Funktion der Zeit t zu erhalten, integrieren wir diese Geschwindigkeitsgleichung von t_0 nach t. Nach ihrer Umformung

$$-\int_{t_0}^{t} \frac{\mathrm{d}c}{c} = k\,\mathrm{d}t \qquad (7)$$

integrieren wir zu

$$\ln c_0 - \ln c = kt \qquad (8)$$

und formen um zu

$$-\ln \frac{c}{c_0} = kt = 2{,}3 \cdot \log \frac{c_0}{c}. \qquad (9)$$

Gl. (9) wird entlogarithmiert:

$$c = c_0 \cdot e^{-kt}. \qquad (10)$$

Aus Gl. (10) geht hervor, daß die Konzentration c der Substanz S exponentiell mit der Zeit t abfällt. Wie Gl. (9) zeigt, ist die Dimension von k = Zeitintervall^{-1} (min^{-1} oder sec^{-1}).

Reaktionsgeschwindigkeiten werden im allgemeinen ermittelt, indem die Konzentrationen der Reaktionspartner (Ausgangssubstanzen oder Produkte) im Verlauf der Reaktion in Abhängigkeit von der Zeit gemessen werden.

Zum Nachweis der Gültigkeit von Gl. (10) werden die Konzentrationen c zu verschiedenen Zeiten im Verlauf der Reaktion gemessen und die Meßpunkte in ein Koordinatensystem eingetragen. Wählt man ein lineares Auftragungssystem, so erhält man die typische logarithmische Abklingkurve, wie sie durch Gl. (10) wiedergegeben ist. Trägt man auf halblogarithmischem Papier ab (Koordinate logarithmisch, Zeit auf der Abszisse linear), bekommt man eine Gerade (Abb. 3).

Dies gilt, wie oben ausgeführt, für Reaktionen 1. Ordnung. Zu diesem Reaktionstyp gehören eine Reihe von Abläufen in der unbelebten und belebten Natur (viele enzymatische Reaktionen, radioaktiver Zerfall, Ausschei-

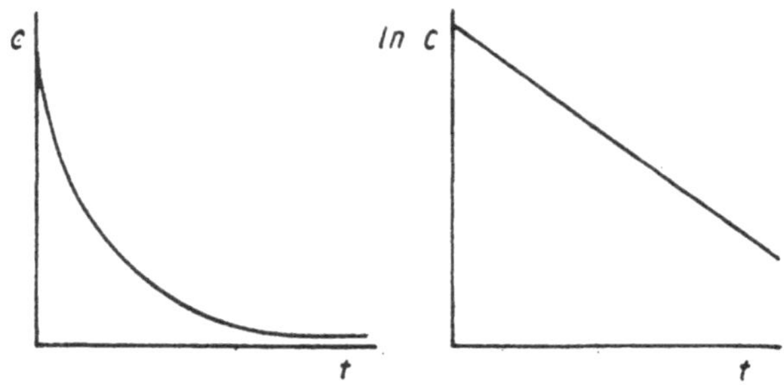

Abb. 3. Reaktion 1. Ordnung

dung von Stoffen aus dem Organismus usw.). Während ein Teil von ihnen wirklich monomolekular ist, folgt ein größerer Teil dieser Gesetzmäßigkeit, ohne in Wirklichkeit nur von einer einzigen Molekül- oder Atomart abzuhängen. Man spricht dann von einem pseudomonomolekularen Ablauf. Die Reaktion ist dann scheinbar 1. Ordnung.

Charakteristisch für eine Reaktion 1. Ordnung ist die sog. *Halbwertszeit* (τ). Darunter wird die Zeit verstanden, innerhalb der jeweils die Hälfte der Substanz S umgesetzt wird. Sie ergibt sich aus Gl. (9).

$$(t_{1/2} = \tau;) \left(c = \frac{c_0}{2}\right).$$

$$k \cdot \tau = 2{,}3 \log 2$$

$$\tau = \frac{0{,}693}{k}. \tag{11}$$

Gl. (11) sagt aus, daß die Halbwertszeit bei einer Reaktion 1. Ordnung unabhängig von der Konzentration c der Ausgangssubstanz ist.

Außer der Reaktion 1. Ordnung kennt man noch Reaktionen anderer Ordnungen. Eine *Reaktion 0. Ordnung* erhält man, wenn v unabhängig von c ist.

$$v = \text{konstant} \tag{12}$$

Dies setzt häufig die Anwesenheit besonders hoher Konzentrationen des Ausgangsstoffes voraus. Man findet dieses Verhalten bei Enzymreaktionen dann, wenn das Enzym über ein längeres Zeitintervall mit Substrat gesättigt ist.

Eine *Reaktion 2. Ordnung* ist in der Natur ebenfalls häufig anzutreffen. Sie tritt dann auf, wenn zum Ablauf der Reaktion der Zusammenprall von zwei Molekülen S_1 und S_2, die in der Konzentration c_1 und c_2 vorliegen, erforderlich ist

$$S_1 + S_2 \rightarrow P_1 + P_2 .$$

Dann ist

$$v = -\frac{\mathrm{d}c_1}{\mathrm{d}t} = -\frac{\mathrm{d}c_2}{\mathrm{d}t} = k \cdot c_1 \cdot c_2 . \tag{13}$$

Ein derartiger Vorgang wird auch als „bimolekulare Reaktion" bezeichnet.

Zu dieser Kategorie von Reaktionen gehören auch *Hydrolysen*. Wenn sie in Wasser als Lösungsmittel ablaufen, kann man dessen Konzentration als praktisch konstant annehmen. Reaktionen dieser Art gehorchen demzufolge den Gesetzmäßigkeiten der Reaktion 1. Ordnung.

1.3.2. Reversible Reaktionen

Häufig läuft eine Reaktion $S \rightarrow P$ nicht vollständig, sondern lediglich bis zum Einstellen eines Gleichgewichtes zwischen S und P ab.

$$S \underset{k_{-1}}{\overset{k_{+1}}{\rightleftharpoons}} P \tag{14}$$

Wir gehen von S mit der Konzentration c_s aus. Nach der Zeit t sei die Konzentration von P gleich c_p. S hat demnach zu diesem Zeitpunkt die Konzentration $c_s - c_p$. Die Geschwindigkeit der Umwandlung von $S \rightarrow P$ ist in diesem Moment gleich $k_{+1} \cdot (c_s - c_p)$, die Umwandlungsgeschwindigkeit von $P \rightarrow S$ ist gleich $k_{-1} \cdot c_p$.

Die Nettogeschwindigkeit der Bildung von P ist zum Zeitpunkt t

$$+\frac{dc_p}{dt} = k_{+1}(c_s - c_p) - k_{-1}c_p. \tag{15}$$

Im Zustand des Gleichgewichtes ist die Nettogeschwindigkeit Null. P habe dann die Konzentration $c_{äq}$.

Dann ist

$$k_{+1} \cdot (c_s - c_{äq}) - k_{-1} \cdot c_{äq} = 0. \tag{16}$$

Indem wir k_{-1} aus Gl. (15) und (16) eliminieren, kommen wir zur Gl. (17)

$$\frac{dc_p}{dt} = \frac{k_{+1}c_s}{c_{äq}}(c_{äq} - c_p). \tag{17}$$

Durch Integration erhalten wir folgenden Ausdruck

$$k_{+1} = \frac{c_{äq}}{c_s \cdot t} \cdot \ln \cdot \frac{c_{äq}}{c_{äq} - c_p}. \tag{18}$$

In einem gegebenen Fall ermittelt man vor der Bestimmung von k_{+1} die Gleichgewichtskonzentration $c_{äq}$ von P. Danach läßt sich nach Gl. (18) die Konstante der Hinreaktion k_{+1} leicht aus den Meßwerten errechnen. Für die praktische Durchführung von Messungen der Reaktionskonstanten bei Gleichgewichtsreaktionen ist demnach die Kenntnis der Konzentrationen der Reaktionspartner im Zustand des Gleichgewichts unerläßlich. Der Nettofluß ist nicht von der Gesamtzahl der Teilchen S abhängig, sondern von dem Anteil, der sich „außerhalb“

des chemischen Gleichgewichts befindet. In dem Maße, wie dieser kleiner wird, wächst die Geschwindigkeit der Rückreaktion.

Im Vergleich dazu sei die Gleichung für k im Falle einer Reaktion $S \rightarrow P$ angegeben, die vollständig abläuft. Sie ist aus Gl. (9) durch Umformung entstanden.

$$k = \frac{1}{t} \ln \frac{c_0}{c}. \tag{19}$$

1.3.3. Kinetik einer Enzymreaktion

Eine Enzymreaktion folgt den Gesetzen der klassischen Reaktionskinetik, wenn man das Enzym E als stöchiometrisch wirkenden Reaktionspartner ansieht und den katalytischen Prozeß als Kreisprozeß betrachtet.

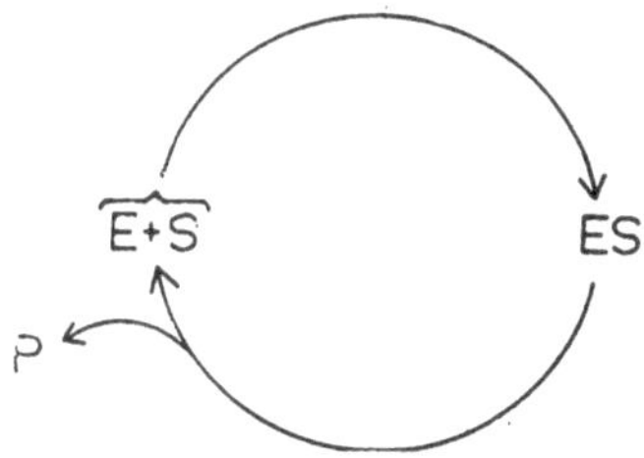

In diesem Prozeß reagiert das Enzym als stöchiometrischer Reaktionspartner mit dem Substrat S und kommt nach der Abgabe des Produktes P unverändert wieder aus dem Cyclus hervor. Es steht jetzt wieder für die Umwandlung eines zweiten Substrates S nach P zur Verfügung. Die daraus zu ziehende Schlußfolgerung ist, daß man einen enzymatischen Prozeß in stöchiometrisch ablaufende Einzelreaktionen zerlegen kann.

Eine allgemeine Theorie der Enzymkinetik wurde, wie bereits erwähnt, von MICHAELIS und MENTEN aufgestellt. Später haben BRIGGS und HALDANE eine Alternativvorstellung hierzu entwickelt, die sich vom kinetischen Standpunkt von der MICHAELIS—MENTEN-Vorstellung unterscheidet. Wir folgen zunächst dem MICHAELIS—MENTEN-Modell und erläutern danach einige Aspekte der BRIGGS—HALDANE-Vorstellung.

Nach MICHAELIS—MENTEN verbindet sich das Substrat mit dem Enzym zu einem Enzym-Substrat-Komplex in einer reversiblen Reaktion.

$$E + S \underset{k_{-1}}{\overset{k_{+1}}{\rightleftharpoons}} ES \tag{20}$$

$$\frac{[E] \cdot [S]}{[ES]} = K = \frac{k_{-1}}{k_{+1}}. \tag{21}$$

K ist die Dissoziationskonstante des Enzym-Substrat-Komplexes, ihre reziproke Form ist die Gleichgewichtskonstante. Unter Zugrundelegung folgender Symbolik

$[E_T]$ = Gesamtkonzentration des Enzyms E
$[S]$ = Gesamtkonzentration des Substrates S
$[ES]$ = Konzentration des Enzym-Substrat-Komplexes
$[E_T] - [ES]$ = Konzentration des freien Enzyms

wird Gl. (21) vervollständigt zu:

$$K = \frac{([E_T] - [ES]) \cdot [S]}{[ES]}. \tag{22}$$

Gl. (22) wird umgeformt in

$$[ES] = \frac{[E_T]\,[S]}{K + [S]}. \tag{23}$$

Die Enzym-Substrat-Verbindung (ES) zerfällt in einer langsamen, geschwindigkeitsbestimmenden Reaktion unter Rückbildung des freien Enzyms und Bildung der Produkte

$$ES \xrightarrow{k_{+2}} E + P. \tag{24}$$

Die Zerfallsgeschwindigkeit des ES-Komplexes ist gleich der Geschwindigkeit des Gesamtprozesses

$$v = k_{+2}[ES]. \tag{25}$$

Wir lösen Gl. (25) nach $[ES]$ auf und setzen diesen Wert in (23) ein. Dabei erhalten wir

$$v = \frac{k_{+2} \cdot [E_T]\,[S]}{K + [S]}. \tag{26}$$

Die Gl. (26) gibt die Abhängigkeit der Geschwindigkeit v von der Substrat- und Enzymkonzentration wieder.

Bei niedrigen Substratkonzentrationen relativ zu K kann man in erster Näherung $[S]$ im Nenner von Gl. (26) als Summanden wegfallen lassen. Man erhält dann

$$v = \frac{k_{+2}}{K}\,[E_T] \cdot [S]. \tag{27}$$

Da die Enzymkonzentration $[E_T]$ im Verlaufe der Reaktion konstant bleibt, läßt sich Gl. (27) umformen in

$$v = K'[S], \tag{28}$$

wobei $K' = \frac{k_{+2}}{K} \cdot [E_T]$ ist.

Nach Gl. (28) ist bei kleinen Substratkonzentrationen die Reaktionsgeschwindigkeit von $[S]$ abhängig und dieser proportional. Unter Beachtung von Gl. 27 ist v auch abhängig von der Enzymkonzentration.

Bei hohen Substratkonzentrationen (relativ zu K) kann im Nenner der Gl. (26) K als Summand wegfallen. Man erhält dann

$$v = k_{+2} \cdot [E_T] = V. \tag{29}$$

Gl. (29) drückt aus, daß bei hohen Substratkonzentrationen die Reaktionsgeschwindigkeit unabhängig von $[S]$ wird und nur abhängig von $[E_T]$ ist.

Unter diesen Umständen [vgl. Gl. (29) mit Gl. (25)] ist das gesamte Enzym mit Substrat gesättigt; die erreichte Geschwindigkeit nennt man Maximalgeschwindigkeit V. Wenn man V für $k_{+2} \cdot (E_T)$ einsetzt, erhält man

$$v = \frac{V[S]}{K + [S]}. \tag{30}$$

Bei Umwandlung von Gl. (30) wird erhalten

$$K = S\left(\frac{V}{v} - 1\right). \tag{31}$$

Gl. (30) und (31) sind andere Formen der sogenannten MICHAELIS—MENTEN-Gleichung [Gl. (26)].

Wie groß muß die Substratkonzentration sein, damit $v = \frac{V}{2}$ wird?

Aus Gl. (30) folgt

$$\frac{V}{2} = \frac{V \cdot [S]}{K + [S]} \tag{30a}$$

$$\frac{1}{2} = \frac{[S]}{K + [S]} \tag{30b}$$

$$K + [S] = 2[S] \tag{30c}$$

$$K = [S]. \tag{30d}$$

Gl. (30d) sagt aus, daß die Substratkonzentration bei halbmaximaler Reaktionsgeschwindigkeit numerisch gleich K ist. Hierauf gründet sich eine einfache Methode zur experimentellen Bestimmung dieser Konstanten.

Nach Gl. (30) sieht die Abhängigkeit der Reaktionsgeschwindigkeit v von der Substratkonzentration $[S]$, wie in Abb. 4 wiedergegeben ist, aus. Man erhält eine Kurve nach der Art einer rechtwinkligen Hyperbel. Der erste Teil der Kurve folgt Gleichung (28), d. h., die Reaktionsgeschwindigkeit ist abhängig von $[S]$ (Reaktion 1. Ordnung bezüglich $[S]$). Bei hohen Substratkonzentrationen besteht Unabhängigkeit von $[S]$; es ist die Maximalgeschwindigkeit V erreicht [Gl. (29)]. Es liegt bezüglich des Substrates eine Reaktion 0. Ordnung vor.

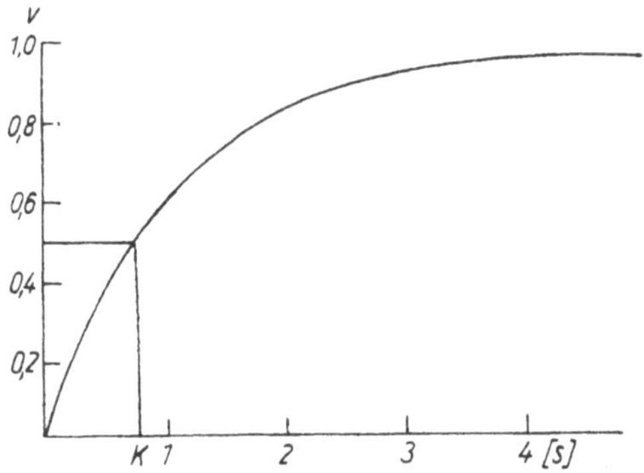

Abb. 4. Abhängigkeit der Enzymaktivität von der Substratkonzentration

Von LINEWEAVER und BURK wurde eine einfache Methode zur Bestimmung von K eingeführt, die auch für Hemmungsversuche große Bedeutung erlangt hat. Grundlage ist die reziproke Form von Gl. (30).

$$\frac{1}{v} = \frac{K + [S]}{V \cdot [S]} = \frac{K}{V} \cdot \frac{1}{[S]} + \frac{1}{V}. \qquad (32)$$

Wenn man $1/v$ gegen $1/[S]$ aufträgt, so erhält man eine Gerade, die die Ordinate bei $1/V$ schneidet. Die Neigung dieser Geraden ist K/V. Daraus läßt sich auf einfache Weise K berechnen. Die Gerade schneidet die Abszisse bei einem Wert von $-1/K$ (Abb. 5).

Ein empfindlicheres und deshalb in vielen Fällen gegenüber der LINEWEAVER—BURK-Auswertung vorteilhafteres Auftragungssystem ist das EADIE-System.

Aus der Gl. (30) wird die Gl. (33) erhalten

$$\frac{v}{S} = -\frac{v}{K} + \frac{V}{K}. \tag{33}$$

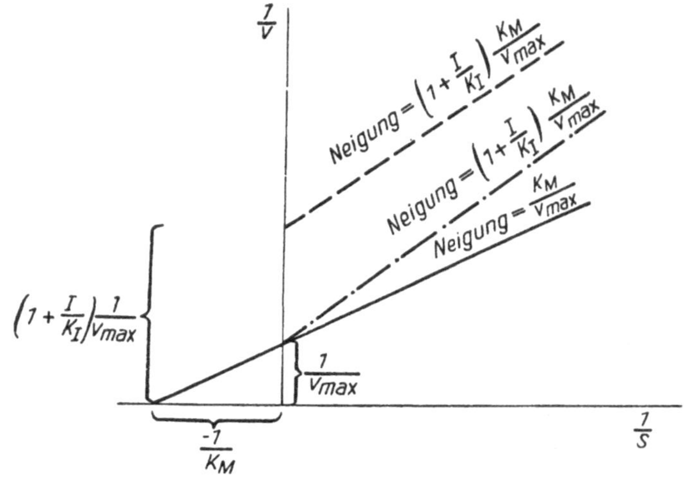

Abb. 5. **Abhängigkeit der Reaktionsgeschwindigkeit von der Substratkonzentration (LINEWEAVER—BURK-Auftragung)**
——— **ohne Hemmstoff;** —·—·— **kompetitive Hemmung;**
– – – – – **nicht-kompetitive Hemmung**

Bei Auftragung von $\frac{v}{S}$ gegen v wird eine Gerade erhalten, deren Neigung $-\frac{1}{K}$ ist und die die Ordinate bei $\frac{V}{K}$ und die Abszisse bei V schneidet (Abb. 6).

Nach der MICHAELIS—MENTEN-Vorstellung ist K die Dissoziationskonstante des Enzym-Substrat-Komplexes. Dabei wird angenommen, daß für den Ablauf der Reaktion allein das Gleichgewicht, welches die Gleichungen (20) bzw. (21) ausdrückt, maßgebend ist, und die Reaktion k_{+2} so langsam erfolgt, daß sie das sich sehr schnell einstellende Gleichgewicht zwischen dem Enzym, dem Substrat und dem Enzym-Substrat-Komplex nicht stört.

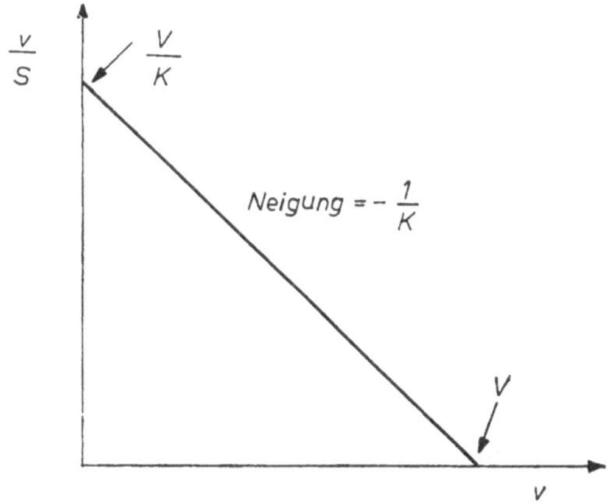

Abb. 6. Auftragung nach EADIE

Wenn diese Voraussetzungen jedoch nicht gegeben sind, weicht die durch kinetische Experimente bestimmte Größe K (Gl. 30d) mehr oder weniger weit von der wahren Dissoziationskonstanten des ES-Komplexes ab. Die kinetisch ermittelte Konstante K, die nach Gl. (30) numerisch gleich der Substratkonzentration bei halbmaximaler Geschwindigkeit ist, muß auf Grund dieser Überlegungen bei vielen Enzymen als eine komplex zusammengesetzte Größe aufgefaßt werden. Sie ist nicht identisch mit der wahren Dissoziationskonstanten des ES-Komplexes.

Der Gleichgewichtsbehandlung einer Enzymreaktion stellten BRIGGS und HALDANE deshalb das Konzept einer dynamischen Betrachtungsweise gegenüber, das auf der Existenz eines Fließgleichgewichtes, das sich beim Ablauf der Enzymreaktion einstellt, beruht (steady-state-Behandlung).

Ausgangspunkt war dabei, daß im Zustand des Fließgleichgewichtes die Geschwindigkeiten von Bildung und Abbau des ES-Komplexes gleich sind, so daß (ES) über einen bestimmten Zeitabschnitt konstant ist.

$$E + S \underset{k_{-1}}{\overset{k_{+1}}{\rightleftharpoons}} ES \xrightarrow{k_{+2}} E + P. \tag{34}$$

Die Geschwindigkeit der Bildung von ES ist

$$\frac{+\mathrm{d}[ES]}{\mathrm{d}t} = k_{+1} \cdot [E] \cdot [S]. \tag{35}$$

Die Geschwindigkeit des Zerfalls ist

$$\frac{-\mathrm{d}[ES]}{\mathrm{d}t} = k_{-1}[ES] + k_{+2}[ES]. \tag{36}$$

Die Nettogeschwindigkeit der Änderung von $[ES]$ ist

$$\frac{\mathrm{d}[ES]}{\mathrm{d}t} = k_{+1} \cdot [E] \cdot [S] - (k_{-1} + k_{+2}) \cdot [ES]. \tag{37}$$

Im Fließgleichgewicht ist $\frac{\mathrm{d}[ES]}{\mathrm{d}t} = 0.$

$$\text{Daraus folgt: } [ES] = \frac{[E] \cdot [S]}{\frac{k_{-1} + k_{+2}}{k_{+1}} + [S]}. \tag{38}$$

Ein Vergleich von (38) mit (23) und (21) zeigt den formalen Unterschied zwischen beiden Betrachtungsweisen.

v ergibt sich zu

$$v = k_{+2}[ES] = \frac{k_{+2} \cdot [E] \cdot [S]}{\frac{k_{-1} + k_{+2}}{k_{+1}} + [S]}. \tag{39}$$

Die Maximalgeschwindigkeit ergibt sich zu

$$V = k_{+2}[E], \tag{40}$$

was in Übereinstimmung mit der MICHAELIS—MENTEN-Vorstellung steht [s. Gl. (29)].
Die Gl. 39 kann unter Substitution von

$$\frac{k_{-1} + k_{+2}}{k_{+1}} = K_M \tag{41}$$

und unter Berücksichtigung von Gl. (40) geschrieben werden als

$$v = \frac{V \cdot [S]}{K_M + [S]}. \tag{42}$$

Diese Gleichung ist mit der MICHAELIS—MENTEN-Gleichung (30) identisch, mit der Ausnahme, daß K durch K_M ersetzt ist.

$$K_M = \frac{k_{-1} + k_{+2}}{k_{+1}} = K + \frac{k_{+2}}{k_{+1}}. \tag{43}$$

Gleichung (43) zeigt, daß K_M dann gleich oder ähnlich K wird, wenn k_{+2} sehr klein wird gegen k_{-1}.

K_M wird als MICHAELIS—MENTEN-Konstante bezeichnet. Sie ergibt sich aus kinetischen Experimenten und ist identisch mit der Substratkonzentration, die halbmaximale Geschwindigkeit ergibt. Sie wird meist nach den Methoden von LINEWEAVER—BURK oder EADIE ermittelt. Vom K_M-Wert ist die Dissoziationskonstante K_s des Enzym-Substrat-Komplexes zu unterscheiden. In den Gleichungen (20) bis (30) wurde des leichteren Verständnisses wegen diese Problematik nicht berücksichtigt. Es hängt von den jeweiligen Reaktionskonstanten ab, ob K_M und K übereinstimmen oder mehr oder weniger voneinander abweichen. Es gibt Fälle, wo sie ähnlich oder sogar übereinstimmend sind.

In vielen Fällen weichen sie jedoch voneinander ab. Als Beispiel sollen die Untersuchungen von CHANCE an der Meerrettich-Peroxidase dienen. Infolge von Veränderungen im Absorptionsspektrum bei Bildung von ES konnten mit Hilfe schnell registrierender Photometer die verschiedenen Reaktionskonstanten des enzymatischen Prozesses unabhängig voneinander bestimmt und mit K_M aus steady-state-Messungen verglichen werden. Danach ist

$$k_{+1} = 1{,}0 \cdot 10^7 \cdot M^{-1} \cdot \text{sec}^{-1}$$

$$K_s = 2{,}0 \cdot 10^{-8} M\,.$$

Daraus ergibt sich ein k_{-1} von $0{,}2 \cdot \text{sec}^{-1}$. Für k_{+2} wurde ein Wert von $4 \cdot \text{sec}^{-1}$ gemessen.

Daraus ergibt sich ein K_M-Wert von

$$K_M = \frac{0{,}2 + 4{,}0}{1{,}0 \cdot 10^7} = 4{,}2 \cdot 10^{-7}\,\text{Mol.}$$

In guter Übereinstimmung mit dieser Rechnung wird mittels kinetischer Methoden ein K_M-Wert von 4 bis 5×10^{-7} Mol gefunden. Daraus folgt, daß die kinetisch ermittelte Michaelis—Menten-Konstante infolge eines Verhältnisses von $k_{-1} : k_{+2} = 1:20$ eher dem Quotienten

$$\frac{k_{+2}}{k_{+1}} \text{ als dem Quotienten } \frac{k_{-1}}{k_{+1}}$$

entspricht.

1.3.4. Enzymhemmungen

Eine besondere Bedeutung in der Enzymchemie haben Enzymhemmungen und -aktivierungen. Bei der Enzymhemmung unterscheidet man hauptsächlich *konkurrierende* und *nichtkonkurrierende* Hemmungen. Im Falle der Konkurrenzhemmung („*kompetitive*“ Hemmung) bewerben sich Substrat und Hemmstoff um die gleichen Stellen am Enzymmolekül. Der Hemmstoff verdrängt das Substrat vom Enzym. Bei Substratüberschuß und kleinen Hemmstoffkonzentrationen kommt es demnach zu einer vollständigen Verdrängung des Hemmstoffes vom Enzym. V ist also im Falle einer Konkurrenzhemmung ohne und mit Inhibitor gleich. Eine derartige Hemmung findet man meist in solchen Fällen, in denen Substrat und Hemmstoff chemische Ähnlichkeiten besitzen. Ein klassisches Beispiel dieser Art ist die Hemmung der Bernsteinsäuredehydrierung durch Malonsäure (s. S. 196). Ein besonderer Fall der Konkurrenzhemmung ist die sogenannte *Produkten-Hemmung*. Man findet sie dann, wenn ein Produkt der Reaktion zurück auf das Enzym wirkt und das Substrat von den aktiven Stellen am Enzymmolekül verdrängt.

Eine Konkurrenzhemmung erkennt man, wenn man die Versuchsergebnisse nach LINEWEAVER—BURK aufträgt (Abb. 5). Die Gerade, die man mit dem Hemmstoff erhält, hat eine größere Neigung, sie schneidet jedoch die Ordinate bei $1/V$. Die *Inhibitorkonstante* K_I ist die Dissoziationskonstante des Enzym-Inhibitor-Komplexes. Sie errechnet sich nach Gl. (44).

$$\frac{1}{v} = \frac{1}{V} \cdot \left[K_M + \frac{K_M[I]}{K_I}\right] \cdot \left[\frac{1}{[S]}\right] + \frac{1}{V}, \qquad (44)$$

($[I]$ = eingesetzte Inhibitorkonzentration).

Bei einer kompetitiven Hemmung bleibt V unbeeinflußt, während der Wert von K_M ansteigt. Hier sei daran erinnert, daß K_M keine Dissoziationskonstante, sondern eine komplexe kinetische Größe ist (s. S. 24ff.).

Im Falle der nichtkonkurrierenden („nichtkompetitiven") Hemmungen tritt keine unmittelbare Konkurrenz zwischen Substrat und Hemmstoff ein. Die auftretende Hemmung ist nur von der Hemmstoffkonzentration abhängig. Die gemessene Maximalgeschwindigkeit bei Anwesenheit des Hemmstoffes ist stets geringer als ohne Hemmstoff (Abb. 5).

Bei Auftragung der Versuchsergebnisse nach LINEWEAVER—BURK schneidet die erhaltene Gerade oberhalb $1/V$ (erhalten ohne Inhibitor) die Ordinate (Abb. 5). K_I

errechnet sich dann nach Gleichung (45).

$$\frac{1}{v} = \left[1 + \frac{[I]}{K_I}\right]\left[\frac{1}{V} + \left(\frac{K_M}{V}\right)\left(\frac{1}{[S]}\right)\right]. \tag{45}$$

Vermerkt sei, daß es Übergänge zwischen konkurrierender und nichtkonkurrierender Hemmung gibt und daß man bei einem gegebenen Enzym mit dem gleichen Substrat und dem gleichen Hemmstoff in Abhängigkeit von der Temperatur, dem pH-Wert und anderen Bedingungen verschiedene Typen von Hemmungen erhalten kann. Dies wird unter Berücksichtigung der Tatsache verständlich, daß V und K_M komplexe kinetische Größen sind, die sich aus mehreren Reaktionsschritten mit unterschiedlichen Reaktionskonstanten zusammensetzen, die ihrerseits unterschiedlich bei Veränderungen des pH-Wertes und der Temperatur beeinflußt werden.

Es wird auch ein „unkompetitiver" Hemmungstyp beschrieben. Er liegt dann vor, wenn sich der Hemmstoff mit dem Enzym-Substrat-Komplex, aber nicht mit dem freien Enzym verbindet.

Ein besonderer Fall ist die Hemmung eines Enzyms durch höhere Konzentrationen seines eigenen Substrates. Lange bekannt ist die Hemmung der Urease bei hohen Harnstoffkonzentrationen. Andere Beispiele sind die Lactat-Dehydrogenase, Carboxypeptidase, Lipase, Pyrophosphatase, Phosphofructokinase (für ATP). Ursachen dieser interessanten Erscheinungen, die im Einzelfall näher untersucht werden müssen, können sein:

a) Es sind mehrere substratbindende Zentren vorhanden, die das Substrat mit unterschiedlicher Affinität binden. Bei niedrigen Substratkonzentrationen vermag das Enzym nur ein Substratmolekül zu binden, bei hohen bindet es mehrere zu einem inaktiven Enzym-Substrat-Komplex.

b) Das Substrat könnte auch an andere Stellen des Enzyms unter Verminderung von dessen katalytischer Aktivität gebunden werden. Es gibt eine wichtige Gruppe von Enzymen (allosterische Enzyme), die neben „katalytischen“ Zentren „regulatorische“ Zentren besitzen.

c) Das Substrat kann einen Aktivator binden und ihn auf diese Weise vom Enzym entfernen.

d) Das Substrat verdrängt einen Cofaktor oder ein Coenzym.

e) Das Substrat erhöht die Ionenstärke des Mediums und beeinflußt dadurch unspezifisch die Aktivität des Enzyms.

1.3.5. Enzyme mit zwei Substraten

An der Mehrzahl aller Enzymreaktionen ist nicht nur ein Substrat beteiligt, sondern mehrere, meist zwei. Die allgemeine Gleichung einer Zwei-Substrat-Reaktion ist:

$$A + B + E \rightleftharpoons P + Q + E.$$

Auf Grund der großen Seltenheit von Dreierstößen kann man nicht erwarten, daß eine Reaktion erst dann zustande kommt, wenn die drei Partner gleichzeitig aufeinandertreffen. Vielmehr kommt es bei Enzymreaktionen dieser Art zu aufeinanderfolgenden Reaktionen zwischen dem Enzym und seinen Substraten, so daß sich eine derartige Reaktion in eine Folge von bimolekularen Schritten auflösen läßt.

Bei den Zweisubstrat-Enzymen unterscheidet man in Abhängigkeit vom Reaktionsmechanismus mehrere verschiedene Typen voneinander.

1.3.5.1. Sequentielle Reaktionstypen

Diese sind dadurch gekennzeichnet, daß alle zwei Substrate an das Enzym gebunden sein müssen, ehe die Produkte abgegeben werden können.

Als erste Form sei der „geordnete“ Reaktionsmechanismus besprochen. Dieser kann so dargestellt werden:

A und sein Produkt *Q* werden als „führende“ oder „obligatorische“ Reaktionspartner bezeichnet. Im Falle der Dehydrogenasen sind dies die Coenzyme NAD oder NADP. Diese Enzyme sind auch die wichtigsten Vertreter dieses Reaktionstyps. Die mittlere Reaktion stellt die Isomerisierung des Enzym-Substrat-Komplexes dar, die zur Bildung des Enzym-Produkt-Komplexes führt. Sie ist geschwindigkeitsbestimmend. Bei einem solchen Mechanismus wirkt bei Hemmungsstudien das Produkt *P* in bezug auf *A* und *B* nichtkompetitiv. Die Ursache hierfür ist, daß sich *P* nur mit der *QE*-Form des Enzyms verbindet und nicht mit der Form *E* oder *AE*. Bei Bindung von *P* an *QE* wird die Konzentration von *EPQ* erhöht. Der dadurch verursachte Rückstau führt zu einer nichtkompetitiven Hemmung im Hinblick auf *A* und *B*. *Q* hingegen hemmt die Enzymreaktion in bezug auf *A* kompetitiv und im Hinblick auf *B* nichtkompetitiv. Das wird verständlich, wenn man bedenkt, daß sich *Q* und *A* mit der gleichen Form des Enzyms, nämlich mit *E*, verbinden.

Ein Sonderfall dieses „geordneten Mechanismus“ ist der THEORELL-CHANCE-Mechanismus der Leber-Alkohol-Dehydrogenase.

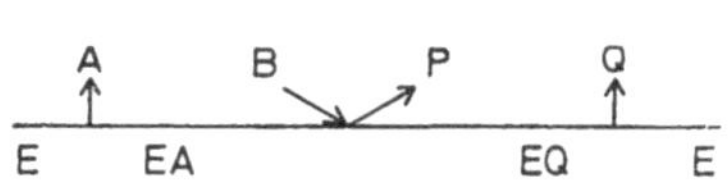

Er ist dadurch charakterisiert, daß die Konzentration des ternären Komplexes infolge hoher Isomerisierungsgeschwindigkeit sehr niedrig ist. *P* wird also sehr schnell aus *B* gebildet. Der geschwindigkeitsbestimmende Schritt ist hier die Dissoziation der NADH-Enzymverbindung.

Ein weiterer Typ der sequentiellen Mechanismen ist die sog. nichtdeterminierte Reaktionsordnung („random mechanism"). Sie wird folgendermaßen dargestellt:

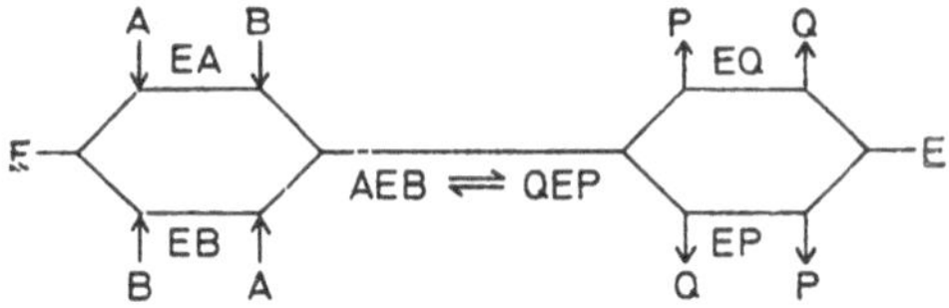

Charakteristisch hierfür ist, daß die Substrate A und B sowie die Produkte P und Q mit jeder komplementären Form des Enzyms (E, EA, EB bzw. E, EP, EQ) reagieren können, so daß keine bestimmte Reihenfolge in der Bindung und Dissoziation der Substrate und Produkte existiert. Die Bindung eines Substrates beeinflußt nicht die Affinität des zweiten Substrates zum Enzym. Mindestens zwei Möglichkeiten müssen auseinandergehalten werden: die geschwindigkeitsbestimmende Reaktion ist entweder die Umwandlung des zentralen ternären Komplexes oder sie ist eine beliebig andere Reaktion in der Reaktionssequenz. Der ersten Form gehorchen einige phosphatübertragende Enzyme wie Phosphokreatinkinase und Pyruvatkinase. Hierfür wurde der Name „Rapid-Equilibrium-Random-Mechanism" eingeführt.

1.3.5.2. Nichtsequentielle Reaktionstypen

Hierzu gehört der sog. Ping-Pong-Mechanismus. Dieser Typ liegt bei den Transaminasen, einigen Flavoproteinen und der Phosphoglucomutase vor. Er ist folgendermaßen charakterisiert:

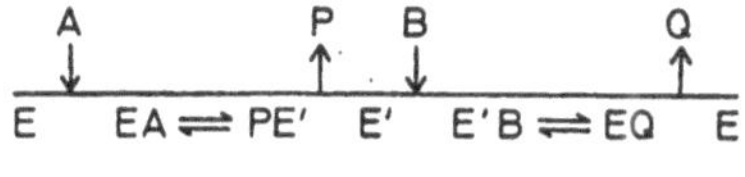

Hier wird das erste Produkt vor der Reaktion des Enzyms mit dem zweiten Substrat gebildet. Im Falle der Transaminasen bedeutet dies, daß sich die Aldehydform des Pyridoxalphosphat-Enzyms mit der Aminosäure verbindet und sich dabei die Pyridoxaminform des Enzyms bildet. Von dieser dissoziiert die Ketosäure, die aus dem ersten Substrat gebildet wurde, ab. Die Pyridoxaminform des Enzyms verbindet sich danach mit der Acceptor-Ketosäure als zweitem Substrat. Nach erfolgter Umwandlung des binären Komplexes (das Pyridoxalphosphat-Enzym wird als eine einzige Verbindung angesehen) wird das Produkt abgegeben (Abb. 7) (s. auch S. 77ff.).

1.3.6. Methoden zur Messung individueller Geschwindigkeitskonstanten

Die Geschwindigkeitskonstanten für Bildung und Spaltung des Enzym-Substrat-Komplexes sind sehr groß. Ihre Größenordnungen sind: a) bimolekulare Geschwindigkeitskonstante für ES-Bildung (k_{+1}) $10^7 - 10^8$ M^{-1} sec^{-1}; b) monomolekulare Geschwindigkeitskonstante für ES-Dissoziation (k_{-1}) $10^2 - 10^4$ sec^{-1}; Isomerisierung des Proteins: $10^{-2} - 10^7$ sec^{-1}. Da mittels herkömmlicher kinetischer Methoden nur in wenigen Ausnahmefällen individuelle kinetische Konstanten bei Enzymen ermittelt werden können, wurde es nötig, spezielle Verfahren zur Messung sehr schneller chemischer Reaktionen auszuarbeiten. Wir wollen in diesem Zusammenhang zwei derartige Verfahren kennenlernen: Die Fluß(flow-)- und Relaxationstechnik. Das erstgenannte Verfahren erlaubt die Messung von Reaktionen, die innerhalb einer Spanne von $5 \cdot 10^{-3}$ bis $5 \cdot 10^{+2}$ sec und das zweite solche, die innerhalb $1 \cdot 10^{-6}$ bis $1 \cdot 10^0$ sec ablaufen.

Zur Messung schneller Reaktionen werden folgende Prinzipien angewandt: 1. Auf optischem Wege werden die Eigenschaften miteinander reagierender Substanzen in einem fließenden oder plötzlich gestoppten System

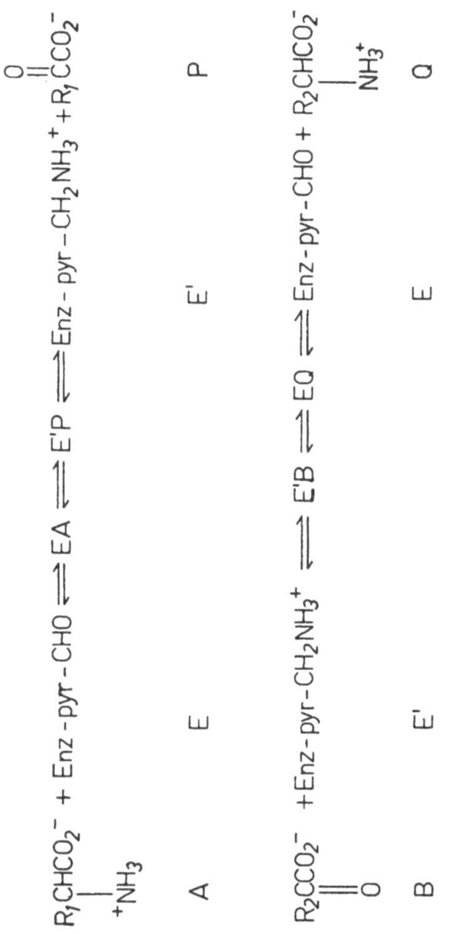

Erläuterung: Pyr-CHO: Pyridoxalphosphat

Pyr-$CH_2NH_3^+$: Pyridoxaminophosphat

Abb. 7. Reaktionsmechanismus von Transaminasen

(„stopped-flow“) verfolgt. 2. Es werden die Veränderungen eines Systems nach einem schnellen Einzelimpuls (Temperatur- oder Drucksprung) oder nach periodischen Impulsen beobachtet. In Abbildung 8 ist ein Fluß-System

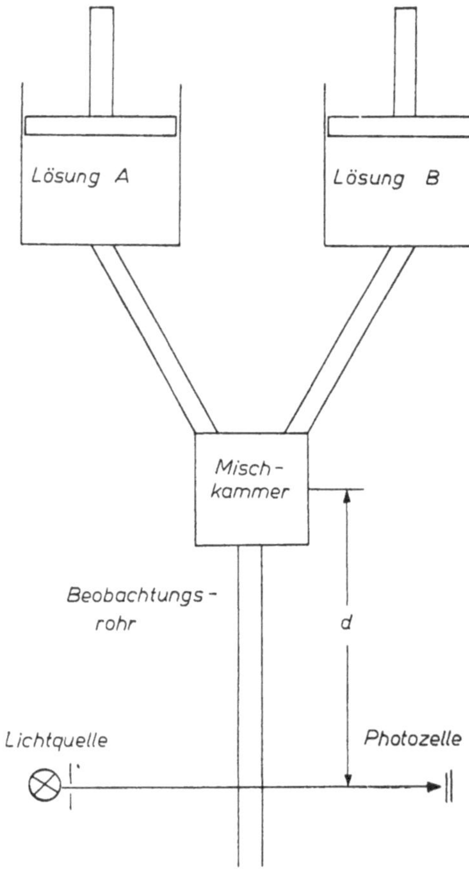

Abb. 8. Schema des Flow-Systems

wiedergegeben. Die beiden reagierenden Substanzen werden in einem Y-Stück mit hoher Geschwindigkeit zusammengeführt, dabei gemischt und eine bestimmte Strecke d vorgetrieben. Danach wird der Fluß plötzlich gestoppt und in einem senkrecht zur Flußrichtung angebrachten optischen System die Veränderungen der optischen Dichte bei bestimmter Wellenlänge verfolgt. Die erhaltenen Ergebnisse werden durch einen Oszillographen sichtbar gemacht. Diese Anordnung erlaubt die bi- und monomolekularen Geschwindigkeitskonstanten von Enzym-Substrat-Reaktionen zu bestimmen. Die Flußsysteme wurden ursprünglich für die Erforschung der Reaktionskinetik des Hämoglobins mit Kohlenmonoxid und Sauerstoff entwickelt, sie finden gegenwärtig sehr breite Anwendung in der Enzymkinetik.

Das zeitliche Auflösungsvermögen der Flußsysteme liegt kaum unter einer halben bis einer Millisekunde. Demgegenüber können mit Relaxationsmethoden Reaktionsgeschwindigkeiten gemessen werden, die mehrere Zehnerpotenzen größer sind.

Das Prinzip dieser Technik besteht darin, daß ein System durch eine Störung von außen plötzlich aus dem chemischen Gleichgewicht gebracht und danach die Einstellung eines neuen Gleichgewichtes messend verfolgt wird. Solche Störgrößen sind vor allem Temperatur- oder Drucksprünge, die nahezu rechtwinklig auf das System innerhalb einer Zeitspanne von 10^{-7} sec einwirken. Durch entsprechende Techniken (optische Dichte, Fluorimetrie, Polarimetrie) wird die Kinetik der verzögert einsetzenden Antwort („Relaxation“) des Systems gemessen.

Da sich das Gleichgewicht insgesamt nur wenig verändert, folgen solche Reaktionen im allgemeinen Reaktionen 1. Ordnung. Als Beispiel diene Reaktion von A und B:

$$A + B \underset{k_{-1}}{\overset{k_{+1}}{\rightleftharpoons}} AB$$

a = Konzentration von A zur Zeit t

a_1 = Konzentration von A im alten Gleichgewicht

a_2 = Konzentration von A im neuen Gleichgewicht
τ = sog. Relaxationszeit, d. i. eine Funktion der Geschwindigkeitskonstanten und der Gleichgewichtskonzentrationen (s. Abb. 8a)
b_2 = Konzentration von B im neuen Gleichgewicht

$$\frac{1}{\tau} = k_{-1} + k_{+1}(a_2 + b_2).$$

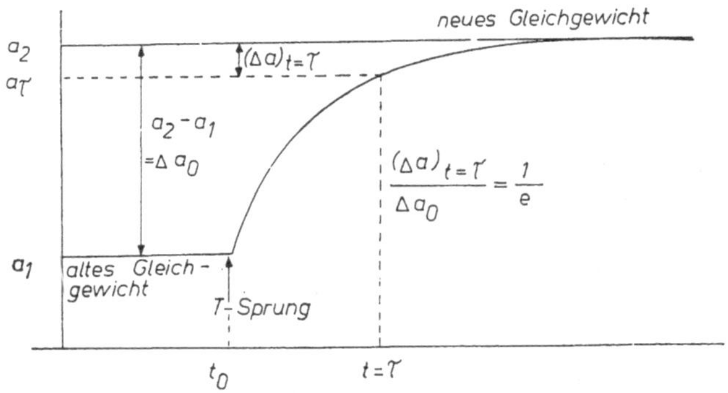

Abb. 8a. **Relaxationskinetik (zur Zeit t_0 wird die Temperatur durch einen Hochspannungsimpuls sprunghaft erhöht)**

Die Abhängigkeit der Relaxationszeit τ von der Konzentration der Reaktionspartner macht die Berechnung von k_{+1} und k_{-1} möglich. Die Relaxationstechnik hat breite Anwendung in der Enzymkinetik gefunden.

1.4. *Einfluß der Temperatur auf Enzymreaktionen*

Jede chemische Reaktion wird in ihrer Geschwindigkeit durch eine Erhöhung der Temperatur gesteigert (s. S. 9). Dieser Tatsache liegt die RGT-Regel nach VAN'T HOFF zugrunde. Diese sagt aus, daß sich bei der Erhöhung der

Temperatur um 10 °C die Reaktionsgeschwindigkeit etwa verdoppelt. Die RGT-Regel hat auch Gültigkeit für enzymatische Reaktionen, jedoch nur in einem bestimmten Temperaturbereich, da bei Erhöhung der Temperatur über 40 bis 50 °C eine Zerstörung des Katalysators (des Enzymeiweißes) infolge Hitzedenaturierung eintritt. Oberhalb dieses Temperatur-Optimums (Abb. 9) sinkt die Reaktionsgeschwindigkeit infolge Hitzelabilität des Enzyms sehr steil ab.

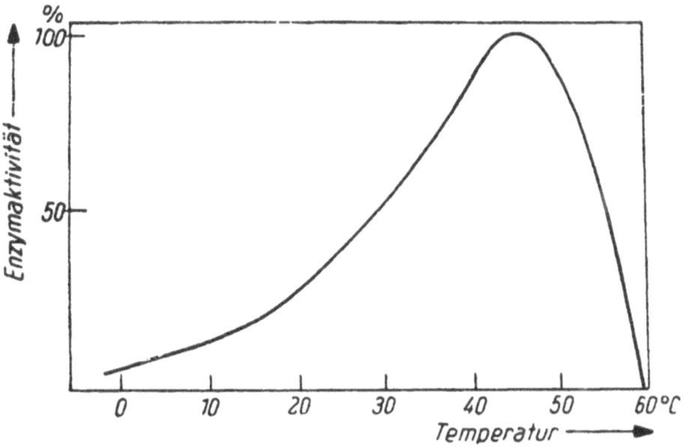

Abb. 9. Abhängigkeit der Enzymaktivität von der Temperatur

Die Ursache dieses raschen Absinkens der Reaktionsgeschwindigkeit ist der sehr hohe Q_{10}-Wert der Eiweißdenaturierung. Durch das Vorhandensein eines Temperatur-Optimums unterscheidet sich eine enzymatische Reaktion wesentlich von einer Reaktion, die durch einen anorganischen Katalysator beschleunigt wird.

Thermophile Bakterien enthalten Enzyme, die erst bei wesentlich höheren Temperaturen als die von mesophilen denaturieren. So kommen im B. stearothermophilus drei verschiedene Aminopeptidasen vor, von denen eine ein Temperaturoptimum von 90 °C hat. Obligat thermophile Stämme produzieren viel von diesem Enzym, obligat mesophile mehr von den beiden anderen. Bei fakultativen Stämmen kommen alle drei Enzyme in vergleichbaren Mengen vor.

1.5. *Einfluß des pH-Wertes auf Enzymreaktionen*

Die unterschiedliche Dissoziation eines Eiweißmoleküls bei verschiedenen pH-Werten hat infolge Veränderung der Eigenschaften der substratbindenden und aktiven

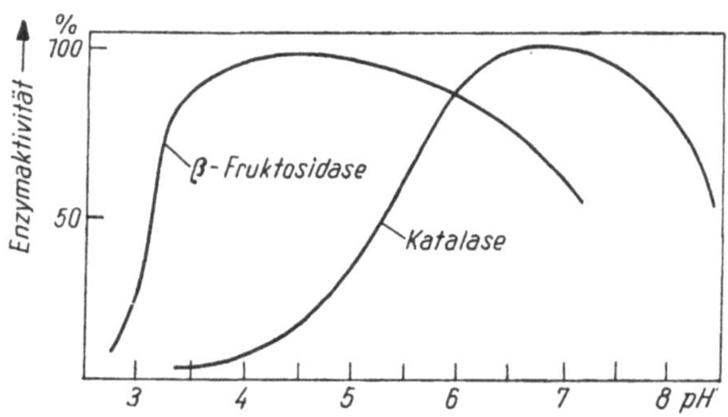

Abb. 10. Abhängigkeit der Enzymaktivität vom pH-Wert

Zentren im Enzymmolekül eine unterschiedliche katalytische Wirksamkeit in Abhängigkeit vom *p*H-*Wert* zur Folge. Man kennt bei jedem Enzym ein *p*H-*Optimum*, welches mehr oder weniger breit ausgeprägt ist (Abb. 10).

Der Einfluß des pH-Wertes auf die enzymatische Wirksamkeit wird auf vier Gründe zurückgeführt: 1. das Enzym erleidet an den pH-Extremen irreversible Veränderungen, 2. an beiden Flanken des pH-Optimums kommt es zur Abdissoziation möglicherweise vorhandener prosthetischer Gruppen oder Coenzyme, 3. es treten Veränderungen der Ionisation bzw. Dissoziation des Substrates ein, 4. es kommt zu Veränderungen in der Ionisation bestimmter funktioneller Gruppen am Enzym und damit zu

Veränderungen in der Bindungsaffinität des Enzyms zum Substrat und zu Veränderungen in der Maximalaktivität. Auf die Punkte 3 und 4 ist im wesentlichen die Existenz eines pH-Optimums zurückzuführen. Es handelt sich hier um reversible pH-Effekte. Dies muß besonders herausgestellt werden.

Durch Bestimmung von V und K_M in Abhängigkeit vom pH-Wert lassen sich Rückschlüsse auf die Natur der Gruppen ziehen, die an der Substratbindung und am katalytischen Prozeß selbst beteiligt sind.

Voraussetzung für das Studium des pH-Einflusses auf die *Maximalaktivität* V ist, daß die Substratkonzentration über den gesamten getesteten pH-Bereich ausreicht, das Enzym zu sättigen. Nur in diesem Falle ist gewährleistet, daß der pH-Effekt sich ausschließlich auf den Ionisationszustand des ES-Komplexes erstreckt und unabhängig von der Ionisation des freien Enzyms oder des Substrates ist. Die Zerfallskonstante des ES-Komplexes k_{+2} denkt man sich aus zwei Termen zusammengesetzt, nämlich der eigentlichen Geschwindigkeitskonstante k'_{+2} für den Zerfall der reaktionsfähigen Ionenart (sie sei ES^m genannt, m bedeutet die Zahl der negativen Ladungen am Enzym) und der entsprechenden pH-Funktion, die die Konzentration dieser Ionenspezies an irgendeinem beliebigen pH-Wert bestimmt.

$$k_{+2} = \frac{k'_{+2}}{1 + \frac{[H^+]}{K_1} + \frac{K_2}{[H^+]}} = \frac{k'_{+2}}{f_{ES}^-} \qquad (46)$$

Der Nenner in Gl. (46) wird *pH-Funktion* genannt. Diese ergibt sich aus den Gleichgewichtsbedingungen einer in zwei Stufen dissoziierenden Gruppe AH_2, die die Ionisationskonstanten K_1 und K_2 hat.

$$K_1 = \frac{[AH^-][H^+]}{[AH_2]} \quad (47\,a) \qquad\qquad K_2 = \frac{[A^{2-}][H^+]}{[AH^-]} \quad (47\,b)$$

Ihre Gesamtmenge A_T ist die Summe aller Arten dieser Gruppe

$$A_T = [AH_2] + [AH^-] + [A^{2-}]. \qquad (48)$$

Wenn man die Ionisationsgleichungen für jede dieser Formen löst und deren Anteile an der Gesamtzahl der Teilchen errechnet, so ergibt sich:

$$[AH_2] = \frac{A_T}{1 + \frac{K_1}{[H^+]} + \frac{K_1 K_2}{[H^+]^2}} = \frac{A_T}{f} \tag{49}$$

$$[AH^-] = \frac{A_T}{1 + \frac{[H^+]}{K_1} + \frac{K_2}{[H^+]}} = \frac{A_T}{f^-} \tag{50}$$

$$[A^{2-}] = \frac{A_T}{1 + \frac{[H^+]}{K_2} + \frac{[H^+]^2}{K_1 K_2}} = \frac{A_T}{f^{2-}}. \tag{51}$$

Daraus folgt:

$$A_T = f[AH_2] = f^-[AH^-] = f_2^-[A^{2-}]. \tag{52}$$

f, f^- und f^{2-} werden als MICHAELIS-pH-Funktionen bezeichnet.

Ausgehend von Gl. (46) erhalten wir unter Berücksichtigung der Gesetze der allgemeinen Enzymkinetik

$$v = k'_{+2} \cdot \frac{[ES]}{f_{ES}^-}. \tag{53}$$

Die Maximalgeschwindigkeit ergibt sich aus Gl. (54).

$$V = \frac{k'_{+2}[E]}{f_{ES}^-} = \frac{k'_{+2}[E]}{1 + \frac{[H^+]}{K_{(ES)_1}} + \frac{K_{(ES)_2}}{[H^+]}}. \tag{54}$$

$K_{(ES)_1}$ und $K_{(ES)_2}$ sind die Ionisationskonstanten auf der sauren und alkalischen Seite der pH-Kurve des Komplexes.

Bei Auftragung von V gegen den pH-Wert ergibt sich eine charakteristische Kurve (Abb. 11a). Die Schnittpunkte der gestrichelten Linien geben die beiden Ionisationskonstanten der entsprechenden Gruppen am Enzym-Substrat-Komplex in der Form von $pK_{(ES)_1}$ und $pK_{(ES)_2}$ wieder.

Grundsätzlich gleiche Überlegungen gelten für den Einfluß des pH-Wertes auf die MICHAELIS-Konstante. Bei ihrer Auftragung gegen den pH-Wert erhält man ebenfalls eine charakteristische

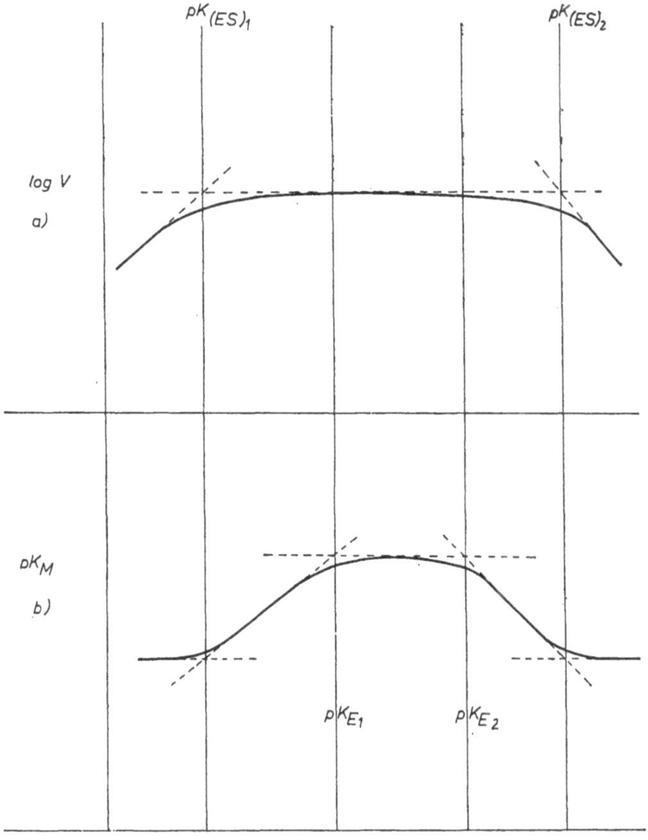

Abb. 11. pH-Einfluß auf Maximalgeschwindigkeit V und MICHAELIS-Konstante K_M

Kurve, aus der sich die pK-Werte der für die Bindung des Substrates an das Enzym verantwortlichen funktionellen Gruppen ergeben (Abb. 11b).

Es gilt die Faustregel, daß Kurvenkrümmungen konkav zur pH-Achse (d. h. Verringerung der Neigung mit steigendem pH-

Wert) *pK*-Werte des freien Enzymes (oder Substrates) und konvexe Krümmungen solche des *ES*-Komplexes wiedergeben.

Die *pK*-Werte des Enzyms sind in der Abbildung 11 mit pK_{E_1} und pK_{E_2} bezeichnet.

Derartige Auftragungen sind symmetrisch, wenn das Substrat selbst nicht in diesem pH-Bereich ionisiert. Eine Asymmetrie entsteht auch dann, wenn das Enzym oder der *ES*-Komplex in mehr als drei Formen (AH_2, AH^-, A^{--}) vorkommt.

Der Vorteil einer eingehenden Analyse des Einflusses des pH-Wertes auf die kinetischen Parameter einer Enzymreaktion liegt darin, daß dadurch Kenntnisse über die Natur der substratbindenden Gruppen am Enzymmolekül erhalten und Einblicke in den Mechanismus der Enzymreaktion selbst gewonnen werden können. Die Tabelle 9 im Teil I gibt einen Überblick über die *pK*-Werte funktioneller Gruppen von Aminosäuren innerhalb eines Eiweißmoleküls. Zur Sicherung der so erhaltenen Ergebnisse sind jedoch weitere Verfahren, z. B. spezifische Blockierung oder Modifizierung bestimmter Gruppen des Enzymmoleküls, anzuwenden.

1.6. Aktivatoren von Enzymen

Während einige Enzyme ihre katalytische Aktivität als reine Proteine entfalten, brauchen andere Enzyme bestimmte, nichtproteinartige Verbindungen für ihre volle Aktivität. Dabei gibt es ein breites Spektrum relativ einfacher *aktivierender Faktoren* (Kationen und Anionen) bis zu solchen Substanzen, die als „Cosubstrate“ oder „Coenzyme“ stöchiometrische Reaktionsteilnehmer sind, ohne die die betreffende Reaktion durch das Enzym nicht katalysiert werden kann.

Aktivierungen von Enzymen können bei Zugabe von Metallionen auftreten. Solche aktivierenden Ionen können sein: K^+, Na^+ oder NH_4^+ (Phosphotransacetylase, ATPase, Pyruvatkinase, Phosphofructokinase), Mg^{++} (viele phosphatübertragende Enzyme), Mn^{++} (Peptidasen, β-Ketosäure-Decarboxylase usw.). Interessant ist, daß es auch Ionenantagonismen gibt. Na^+ kann als kompetitiver Inhibitor von K^+-Aktivierungen wirken. Ähnliche Antagonismen gibt es auch bei Mg^{++} und Ca^{++}, Mn^{++} und Zn^{++}.

Manche Enzyme werden durch zwei verschiedenartige Metallionen aktiviert: Phosphofructokinase durch Mg^{++} und NH_4^+ bzw. K^+. Es gibt auch Enzyme, die durch Anionen aktiviert werden (α-Amylase durch Cl^-).

Bei manchen Enzymen ist das aktivierende Kation Bestandteil des Substrates und damit stöchiometrischer Reaktionsteilnehmer (z. B. Mg-Pyrophosphat im Falle der Pyrophosphatase, Mg-ATP bei der Hexokinase).

Das Enzym *Carboxypeptidase A*, das von Proteinen die C-terminale Aminosäure durch Hydrolyse der letzten Peptidbindung abspaltet, enthält 1 Atom Zink pro Mol, das durch Dialyse entfernt werden kann. Das zinkfreie Enzym ist inaktiv. Zink wird unter Chelatbildung durch eine spezifische Mercaptidgruppe und eine Aminogruppe an das Enzym gebunden und ist für die katalytische Wirkung dieser Metallprotease essentiell.

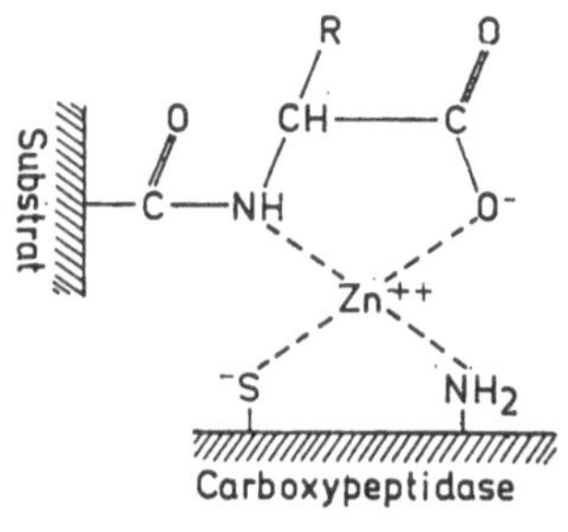

1.7. *Coenzyme und prosthetische Gruppen*

Von den einfachen Aktivatoren müssen die *Coenzyme* und *prosthetischen Gruppen* unterschieden werden. Man bezeichnet als Coenzyme lockergebundene, als prosthetische Gruppen hingegen festgebundene, nichteiweißartige, niedrigmolekulare organische Gruppen am Enzymmolekül. In jedem Fall handelt es sich dabei um hochspezifische Beziehungen zwischen Enzymprotein und Coenzym. Die

Coenzyme sind am katalytischen Prozeß stöchiometrisch beteiligt und gehen dabei häufig optisch oder anderweitig nachweisbare Zwischenverbindungen mit dem Enzym und dem Substrat ein.

Beispiele dieser Art sind NAD^+, $NADP^+$, FMN, FAD, Häm, Pyridoxalphosphat, Thiaminpyrophosphat und Coenzym *A*.

Die reversible Bindung eines Coenzyms an ein Enzymprotein (letzteres wird manchmal allgemein auch als Apoenzym bezeichnet; nach dieser Nomenklatur bezeichnet man den Coenzym-Enzym-Komplex als Holoenzym) sei für das Paar NAD und Alkoholdehydrogenase dargestellt.

$$NAD^+ + \text{Alkoholdehydrogenase} \rightleftharpoons NAD^+\text{-Alkoholdehydrogenase-Komplex}$$

$$\text{Coenzym} + \text{Apoenzym} \rightleftharpoons \text{Holoenzym.}$$

Über die Beziehungen zwischen Enzym und Coenzym sind eingehende Vorstellungen entwickelt worden. Die Leber-Alkoholdehydrogenase (Molgewicht 84000) bindet entweder 2 Mole NAD^+ oder 2 Mole $NADH_2$. Beide Formen konkurrieren um die gleichen Stellen am Enzymmolekül. Es gibt Hinweise darauf, daß SH-Gruppen des Enzymproteins an der Bindung der Coenzyme beteiligt sind. Enzymgebundene Zn^{++}-Ionen scheinen als Brücke zwischen Eiweiß- und Adenin-Anteil des Pyridinnucleotids zu fungieren. Bei der Dehydrierung von Äthylalkohol durch den NAD-Alkoholdehydrogenase-Komplex bildet sich ein ternärer Enzym-Coenzym-Substrat-Komplex (Abb. 12).

Die Alkoholdehydrogenase katalysiert folgende Reaktion

$$\underset{\text{Äthylalkohol}}{CH_3CH_2OH} + NAD^+ \rightleftharpoons \underset{\text{Acetaldehyd}}{CH_3CHO} + NADH + H^+$$

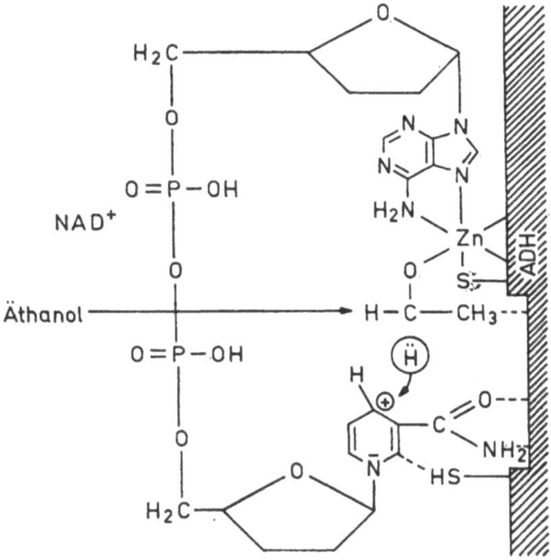

Abb. 12. Ternärer Äthanol-NAD⁺ADH-Komplex (nach WALLENFELS und SUND)

Der Gesamtprozeß läßt sich in folgende Einzelschritte zergliedern:

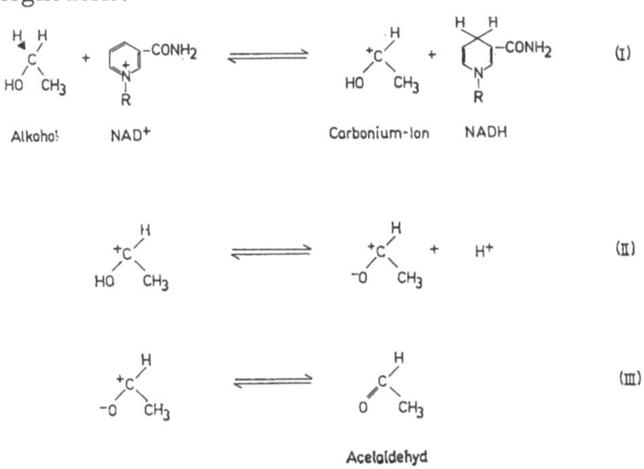

Schritt (I) stellt einen Hydrid-Ion-Transfer vom Alkohol auf das C-Atom 4 des Pyridinringes des NAD^+ (das sich dabei in einer mesomeren Form befindet, die die positive Ladung am Kohlenstoffatom 4 trägt) unter Zurücklassung eines Carbonium-Ions dar. Unter einem Hydrid-Ion H^- versteht man ein Proton mit einem Elektronenpaar. Dies ist der eigentliche Oxidations-Reduktions-Vorgang der Gesamtreaktion. Das Carbonium-Ion dissoziiert in Schritt (II) und gibt ein Proton ab, danach tritt eine Veränderung in der intramolekularen Elektronenverteilung unter Bildung eines stabilen Zustandes (Acetaldehyd) ein (III).

Durch Markierung des Substrates mittels Deuterium wurden tiefere Einblicke in den Mechanismus und die stereospezifische Reaktionsweise der Dehydrogenasen gewonnen. Die Alkoholdehydrogenase-Reaktion wurde entweder mit nichtmarkiertem Äthanol in D_2O oder deuteriertem Äthanol (CH_3CD_2OH) in H_2O durchgeführt. Das reduzierte NAD trug kein Deuterium, wenn die Reaktion in schwerem Wasser mit nichtmarkiertem Substrat verlief; es kam jedoch zur Bildung von NADD + H^+ bei Verwendung von deuteriummarkiertem Alkohol:

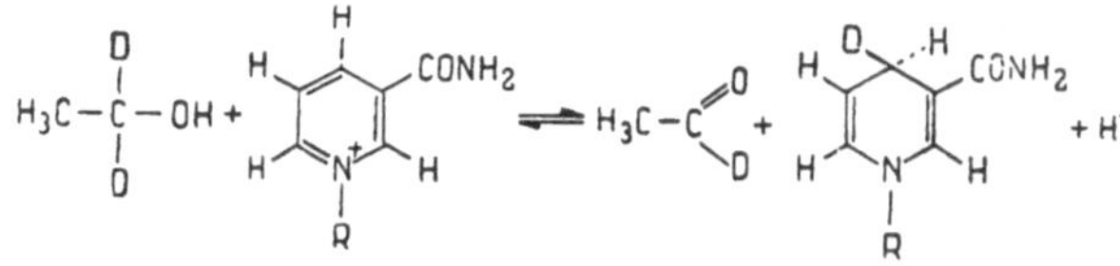

Diese Versuche zeigen

a) welche Wasserstoffatome des Substrates bei dessen Oxidation entfernt werden,

b) die Übertragung des Wasserstoffs als Hydrid-Ion (mit einem Elektronenpaar) bzw. als Deuterid-Ion an das C-Atom 4 des Pyridinringes.

c) die unmittelbare Übertragung des Wasserstoffs vom Substrat auf das Coenzym ohne die Beteiligung des Wassers und

d) den stereospezifischen Verlauf der Reaktion, da bei Ablauf der Rückreaktion das Deuterium des NADD quantitativ im CH_3CD_2OH wiedergefunden wird.

Die beiden diastereomeren Formen des NADD (diese sind zwecks größerer Übersichtlichkeit statt des NADH angegeben) sind im folgenden dargestellt:

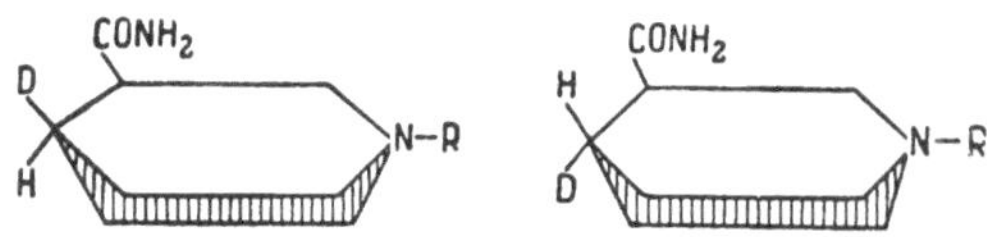

A B

Es wurde gefunden, daß die verschiedenen Dehydrogenasen reduziertes NAD entweder vom Typ A (das übertragene Deuterid- bzw. Hydridion befindet sich oberhalb der Pyridinringebene) oder Typ B (es befindet sich unterhalb der Ringebene) bilden und auch wieder stereospezifisch oxidieren. Die Stereospezifitäten der NAD-abhängigen Lactatdehydrogenase und Malatdehydrogenase stimmen mit denen der Alkoholdehydrogenase überein (Typ A). Die beiden Enzyme entfernen das Deuterium, welches durch die Alkoholdehydrogenase bei Anwendung von markiertem Äthanol auf das NAD übertragen wurde, quantitativ aus der reduzierten Form und bilden deuteriummarkiertes Lactat bzw. Malat aus nichtmarkiertem Pyruvat bzw. Oxalacetat. Andere Dehydrogenasen, wie Glycerinaldehyd-3-phosphat-Dehydrogenase und Glucosedehydrogenase, weisen Stereospezifität vom Typ B auf.

Mit der Reduktion des NAD^+ zu $NADH_2$ verliert der Pyridinring seine aromatische Natur. Im $NADH_2$ befinden sich nur noch zwei Doppelbindungen im Ring. Der Pyridiniumstickstoff wird zum 3bindigen Stickstoff. Oxidiertes und reduziertes Pyridinnucleotid unterscheiden sich demzufolge in ihrem Absorptionsspektrum (Abb. 32, Teil I). NAD^+ bzw. $NADP^+$ absorbieren kein Licht bei

340 nm, $NADH_2$ und $NADPH_2$ hingegen haben bei dieser Wellenlänge ein Absorptionsmaximum. Dieser Unterschied besitzt große praktische Bedeutung bei der Bestimmung der Coenzyme und der verschiedenen Dehydrogenasen (optischer Test nach Warburg).

Mittels optischer Methoden ließen sich die Beziehungen zwischen Coenzym und Enzymproteinen eingehend studieren. Grundlagen dafür waren interessante Änderungen der Lichtabsorption und der Fluoreszenz, die bei der Bindung der Coenzyme an manche Dehydrogenasen eintreten. Das Absorptionsmaximum des an Leber-Alkoholdehydrogenase gebundenen $NADH_2$ verschiebt sich von 340 nm (freies $NADH_2$) nach 325 nm. Dabei bildet sich ein binärer ADH-$NADH_2$-Komplex. Das Emissionsmaximum der Fluoreszenz des $NADH_2$ verschiebt sich bei Gegenwart von Leber-ADH von 462 nm nach 440 nm, wobei eine mehrfache Intensitätssteigerung der Fluoreszenz eintritt. Auch die Bildung von ternären Komplexen läßt sich spektralfluorometrisch verfolgen. Alle diese Veränderungen haben eine große Rolle beim Studium der Assoziations- und Dissoziationsreaktionen von Enzym-Coenzym-Komplexen und der daran beteiligten Gruppen des Coenzyms und des Enzymproteins gespielt (Theorell).

Wenn man Dehydrogenase-Reaktionen isoliert betrachtet, ist das Coenzym stöchiometrisch teilnehmender Reaktionspartner.

$$CH_3CH_2OH + NAD^+ \rightleftharpoons CH_3-C(=O)H + NADH + H^+$$

Es wirkt dann katalytisch, wenn das NADH in einer sich daran anschließenden Reaktion reoxidiert wird, wie das beispielsweise bei der Glykolyse oder der Atmung der Fall ist. Während das NAD^+ als Coenzym der Atmung oder der Glykolyse fungiert, ist es für die Dehydrogenasereaktion selbst ein Substrat.

1.8. Veränderung der Enzymaktivität durch kovalente Modifizierung des Enzymproteins

1.8.1. Aktivierung von Enzymen durch Proteolyse

Zahlreiche Enzyme werden in den sie bildenden Zellen in Form von *inaktiven Vorstufen* gebildet. In diese Gruppe gehören zahlreiche Verdauungsenzyme, beispielsweise Pepsin, Trypsin, Chymotrypsin u. a. Die inaktiven Vorstufen werden mit der Endung *-ogen* bezeichnet (Pepsinogen usw.). Die Aktivierung erfolgt proteolytisch, indem von den Vorstufen Peptide abgespalten werden. Häufig liegt eine autokatalytische Aktivierung vor, indem die aktive Protease ihre eigene Aktivierung bewirkt.
Nachstehend sei zunächst die proteolytische Aktivierung von *Chymotrypsinogen* besprochen.

Im Pankreassekret existieren zwei inaktive Vorstufen des Chymotrypsins, das Chymotrypsinogen A und B. Die Aktivierung von Chymotrypsinogen A durch Trypsin und Chymotrypsin selbst liefert eine ganze Familie von Chymotrypsinen, die mit α-, γ-, δ-, π-Chymotrypsin und Neochymotrypsinogen bezeichnet werden. Sie entstehen bei der Hydrolyse von vier Peptidbindungen des Chymotrypsinogens (Abb. 13). Dabei werden zwei Dipeptide aus Bereichen der Polypeptidkette entfernt, die an der Oberfläche des Chymotrypsinogenmoleküls als Protuberanz angeordnet und somit dem Angriff der beiden aktivierenden Proteasen leicht zugänglich sind.

Das Verhältnis von Chymotrypsinogen zu Trypsin ist für die Geschwindigkeit der Aktivierung und für die Reihenfolge, in der diese Peptidbindungen gelöst werden, von Bedeutung. Es entscheidet darüber, ob α- oder γ-Chymotrypsin entsteht. Beide besitzen die gleiche Aminosäuresequenz und bestehen aus den drei Polypeptidketten A, B und C, sie unterscheiden sich jedoch in der Conformation, die bestimmte Kettenabschnitte im Verlauf der Aktivierung einnehmen.

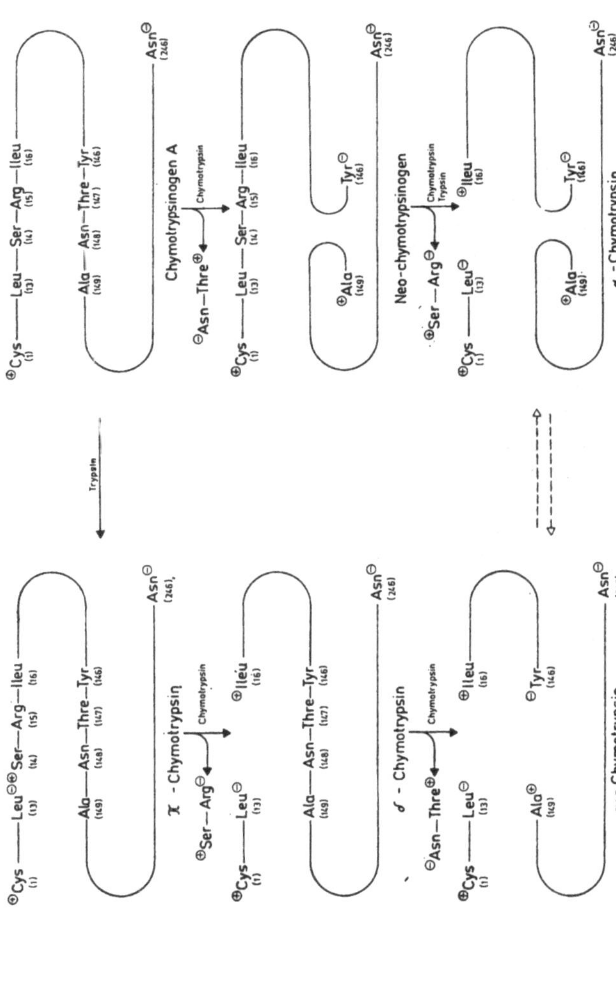

Abb. 13. Schema der Chymotrypsinogenaktivierung

Die durch Trypsin eingeleitete Aktivierung verläuft wesentlich rascher, da bereits π-Chymotrypsin im Gegensatz zu Neochymotrypsinogen aktiv ist, sogenannte schnelle Aktivierung). pH 7,3. Am aktivsten sind α- und γ-Chymotrypsin

Als weiteres Beispiel sei die Aktivierung des *Pepsinogens* zum *Pepsin* erörtert. Diese erfolgt autokatalytisch (Abb. 14).

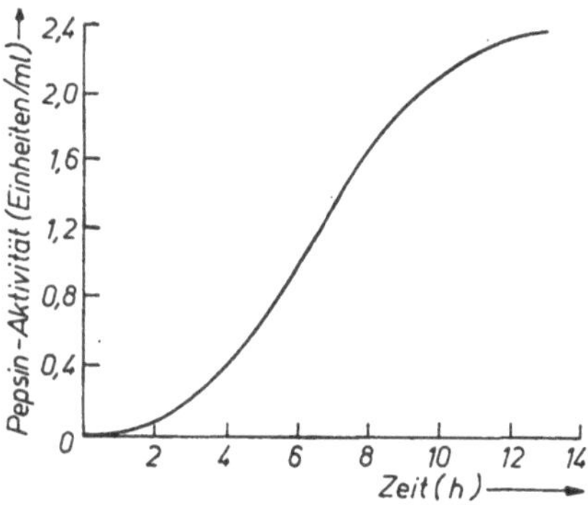

Abb. 14. Kinetik der autokatalytischen Umwandlung von Pepsinogen zu Pepsin, Substrat: Hämoglobin; pH 4,6

Das Wirkungsoptimum des Pepsins liegt bei pH 1—2. Bei pH-Werten oberhalb von 6 ist Pepsin inaktiv und wird denaturiert. Im Gegensatz dazu ist Pepsinogen im Alkalischen stabil, aber ohne proteolytische Aktivität. Wie an kristallinem Pepsinogen gezeigt werden konnte, erfolgt unterhalb pH 6 seine Umwandlung zu Pepsin in einem autokatalytischen Prozeß, d. h. einmal gebildetes Pepsin katalysiert selbst seine eigene Umwandlung.

Wird die Pepsinogen-Aktivierung bei pH 4,6 durchgeführt (Abb. 14), erhält man einen für Autokatalysen charakteristischen Verlauf der Aktivitäts-Zeit-Kurve, da die initial durch H^+-Ionen eingeleitete Umwandlung durch das Produkt Pepsin beschleunigt wird, während oberhalb des Kurvenwendepunktes die Konzentration der Vorstufe begrenzend ist und so die Umsatzrate wieder abnimmt.

Für die Aktivierung des Pepsinogens ergeben sich folgende Reaktionen:

$$\text{Pepsinogen} \xrightarrow[\text{Pepsin}]{H^+} \text{Pepsin-Inhibitor-Komplex} + 5\,\text{Peptide}$$

$$\text{Pepsin-Inhibitor-Komplex} \underset{\text{pH}>5,4}{\overset{\text{pH}<5,4}{\rightleftharpoons}} \text{Pepsin} + \text{Inhibitor}$$

$$\text{Inhibitor} \xrightarrow{\text{Pepsin}} 4\,\text{Peptide}.$$

Die Voraussetzungen für die Aktivitätsentfaltung des Pepsins werden im Magen durch das salzsaure Sekret geschaffen, das von den Belegzellen der Mucosa gebildet wird. Die HCl-Konzentration des reinen Sekrets ist 0,16 m; sie wird durch Eiweiße und andere Bestandteile des Magenschleims gepuffert, so daß sein pH-Wert zwischen eins und zwei liegt. Der niedrige pH-Wert löst im Pepsinogen eine Konformationsänderung aus, die den aktivierenden Angriff durch Pepsin ermöglicht.

Bei der Aktivierung werden aus dem Pepsinogen Peptide abgespalten, die den größten Teil der (13 von insgesamt 17) basischen Aminosäuren enthalten. Dies ist die Ursache einer drastischen Erniedrigung des isoelektrischen Punktes von pH 3,7 im Pepsinogen auf Werte unter pH 1 im Pepsin (Abb. 15).

Die volle Aktivität des Pepsins ist erst erreicht, wenn der Inhibitor in niedermolekulare Peptide hydrolysiert und eine Umkehr der Aktivierung durch Bildung des Pepsin-Inhibitor-Komplexes nicht mehr möglich ist.

Pepsin ist ein globuläres Phosphoproteid, das aus einer einzigen Polypeptidkette von 321 Aminosäuren besteht. Der geringe Gehalt an basischen Aminosäuren und die an die OH-Gruppe eines Serylrestes gebundene Phosphorsäure verursachen ein physikochemisches Verhalten, das unter den bisher bekannten Enzymen außergewöhnlich ist. Pepsin zeichnet sich wie erwähnt durch einen sehr niedrigen I. P. (<1) aus und ist bei pH 1—2 stabil. Es besitzt in diesem pH-Bereich nur schwache positive und keine negativen Ladungen. Dagegen treten im Alkalischen stark negative Ladungen auf, die für die Inaktivierung und Denaturierung des Pepsins oberhalb pH 6 verantwortlich gemacht werden.

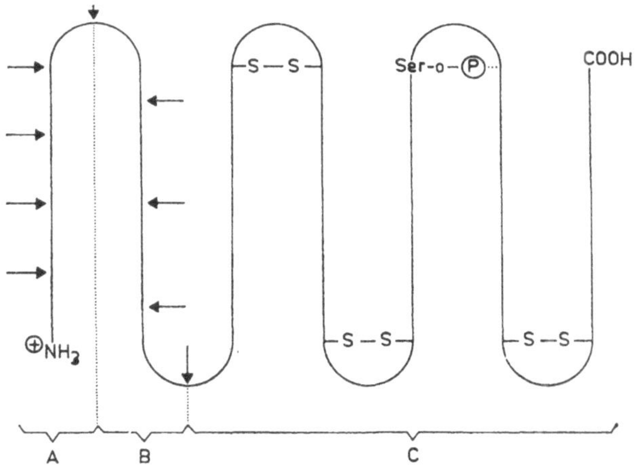

Abb. 15. Schema zur Aktivierung des Pepsinogens (A + B + C) = Pepsinogen; die Kettenabschnitte A und B werden bei der Aktivierung freigesetzt: A liefert 5 verschiedene Peptide, B den Pepsininhibitor und seine Hydrolyseprodukte. C ist das aktive Pepsin, das an den durch die Pfeile gekennzeichneten Stellen angreift. Molekulargewichte: Pepsinogen 42600, Pepsin 34500, Inhibitor (B) 3100, Peptide aus A ca. 5000

1.8.2. Enzymatische Modifizierung von Enzymproteinen durch Anlagerung bzw. Abspaltung von nicht-eiweißartigen Gruppen

Neben Aktivitätsveränderungen durch partielle Proteolyse kann eine größere Zahl von Enzymen in ihrer Aktivität durch anderweitige enzymatische Modifizierungen verändert werden. Man versteht darunter die reversible Bindung nicht-eiweißartiger Gruppen an bestimmte Aminosäurereste des Enzymmoleküls, die eine Hemmung oder Aktivierung des jeweiligen Enzyms zur Folge hat. Als modifizierende Gruppen kommen Adenylsäure, Phosphorsäure u. a. in Betracht. In solchen Fällen spricht man von verschiedenen, *reversibel ineinander umwandelbaren*, unterschiedlich aktiven *Formen* eines Enzyms. Derartige Prozesse spielen bei der Regulation des Zellstoffwechsels eine große Rolle.

Als Beispiel sei die Modifizierung der *Glutaminsynthetase* besprochen (HOLZER, STADTMAN). Das Enzym katalysiert folgende Reaktion

$$\text{L-Glutaminsäure} + NH_3 + \text{ATP} \xrightleftharpoons{Mg^{++} \text{ oder } Mn^{++}} \text{L-Glutamin} + \text{ADP} + Ⓟ$$

In *E. coli* wurde eine aktive (GSa) und eine inaktive Form (GSb) der Glutaminsynthetase entdeckt. Das Verhältnis von GSa zu GSb bestimmt die glutaminsynthetisierende Aktivität der Zelle. Dieses Verhältnis wird von zwei verschiedenen Enzymen eingestellt: einem glutaminsynthetase-inaktivierenden Enzym und einem -aktivierenden System. Das glutaminsynthetase-inaktivierende Enzym ist eine Adenylsäuretransferase. Sie bewirkt die Veresterung der OH-Gruppe von Tyrosylresten des Enzyms mit Adenylsäure, die aus dem ATP stammt und inaktiviert dadurch die Glutaminsynthetase unter Freisetzung von Pyrophosphat. Die Reaktivierung ist durch Desadenylylierung der Glutaminsynthetase möglich und wird durch ein anderes Enzymsystem katalysiert.

Die eigentliche Modifizierung besteht demzufolge in einer Adenylylierung je einer Tyrosylgruppe pro Untereinheit. Das voll adenylylierte Enzym enthält 12 kovalent gebundene Adenylsäurereste, da es aus 12 Untereinheiten besteht. Der Adenylsäuredonator ist, wie bereits erwähnt, ATP.

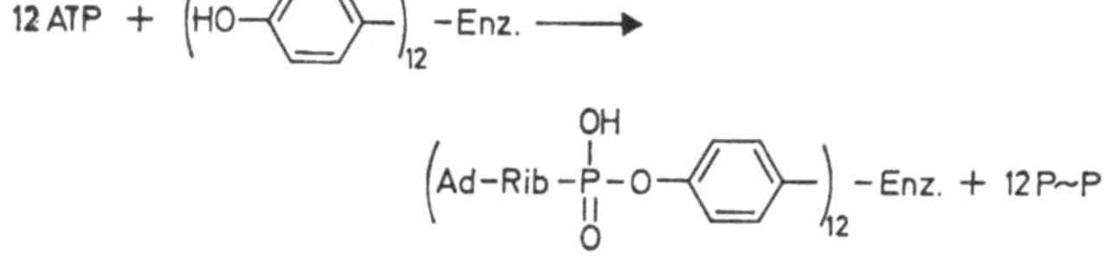

Weitere Beispiele derartiger Modifizierungen von großer zellphysiologischer Bedeutung stellen die *Enzyme* der *Glykogensynthese* und *Glykogenspaltung* in der Muskulatur und der Leber, sowie die Pyruvatdehydrogenase dar. Deren Modifizierung besteht nicht in einer Adenylylierung, sondern in einer Phosphorylierung, die durch Übertragung eines Phosphatrestes vom ATP auf das entsprechende Enzym zustande kommt (Teil III).

1.9. Feinmechanismen der Enzymwirkung

Eine Enzymreaktion läßt sich auf Grund der vorangegangenen Darlegungen in folgende Einzelschritte zerlegen:

1. Bindung des Substrates an das Enzym
2. Bildung des aktivierten Übergangszustandes im Enzym-Substrat-Komplex
3. Bildung der Produkte
4. Dissoziation des Enzym-Produkt-Komplexes

Zum vollen *Verständnis* einer Enzymreaktion ist die Kenntnis folgender *Parameter* nötig: 1. die Ermittlung des *Grundmechanismus*, 2. die *Identifizierung* der *Aminosäuren*, die an der Bindung des Substrates an das Enzymprotein sowie am katalytischen Vorgang beteiligt sind, 3. die Bestimmung ihrer *räumlichen Anordnung*, 4. eine Vorstellung darüber, wie unter Berücksichtigung der beteiligten katalytisch wirksamen Gruppen die *hohe Geschwindigkeit der Gesamtreaktion* des katalytischen Prozesses zustande kommt.

Das Substratmolekül wird im Initialprozeß der Katalyse an das *aktive Zentrum* des Enzymmoleküls gebunden. Unter dem *aktiven Zentrum* wird eine bestimmte Gruppe von Aminosäuren im Enzymmolekül verstanden, die in einer bestimmten *räumlichen Anordnung* zueinander stehen und das Substratmolekül entweder kovalent oder nichtkovalent binden. Die funktionellen Gruppen der Aminosäurereste des aktiven Zentrums sorgen in mannigfaltiger Weise für den Ablauf der jeweiligen enzymatischen Reaktion. Die das aktive Zentrum aufbauenden Aminosäuren müssen nicht benachbart in der Aminosäuresequenz sein, denn infolge der räumlichen Struktur des Proteinmoleküls können auch solche Aminosäuren, die in der Primärstruktur weit voneinander entfernt sind, in enge Nachbarschaft kommen. Zu dem aktiven Zentrum rechnet man zweckmäßigerweise auch solche Aminosäurereste, die an der Enzymreaktion teilnehmen, ohne direkt das Substrat oder Produkt zu binden. Der übrige Teil des Proteinmoleküls ist nicht unbedeutend für den katalytischen Prozeß. Sein Anteil an der Katalyse ist, daß er die am Prozeß selbst beteiligten Aminosäuren in eine entsprechende Lage und Anordnung zum Substratmolekül bringt und dadurch zur Optimierung des Gesamtprozesses beiträgt.

Die Bedeutung der *makromolekularen Struktur* eines Proteinmoleküls geht auch noch aus einer anderen Überlegung hervor. Wenn an einer Enzymreaktion beispielsweise acht Aminosäurereste des Enzymproteins beteiligt sind, so würde, wenn die Aminosäuren in freier Form in Lösung vorlägen, eine Reaktion nur dann eintreten, wenn gleichzeitig alle acht Aminosäuren mit dem Substratmolekül zusammenstoßen würden; wir hätten dann eine Reaktion 9. Ordnung vor uns. Da schon Dreierstöße von Molekülen, namentlich bei niedrigen Konzentrationen, äußerst selten sind, wäre der Ablauf einer solchen Reaktion gänzlich ausgeschlossen. Wenn jedoch alle diese Aminosäuren in einem Molekül vereinigt sind und dessen makromolekulare Struktur noch dazu deren günstigste räumliche Zuordnung ermöglicht, entstehen geradezu ideale Bedingungen für den Ablauf des katalytischen Prozesses.

Da es in der lebendigen Natur keine anderen Substanzen als die Eiweiße gibt, die alle diese Voraussetzungen erfüllen, wird uns auch verständlich, warum Enzyme Proteine sind und warum sie bei Denaturierung, also bei tiefgreifender Veränderung ihrer Konformation, ihre katalytischen Fähigkeiten einbüßen. Interessant ist, daß man bei einigen Enzymen bestimmte Anteile der Polypeptidkette ohne wesentliche Beeinträchtigung ihrer katalytischen Fähigkeiten entfernen kann, so z. B. beim Pepsin, Myosin, der Enolase und Ribonuclease.

Die *Konformationsanalyse* von Proteinen ergab, daß Änderungen in ihrer *dreidimensionalen Struktur* bei Bindung von Substraten oder Inhibitoren eintreten (s. hierzu Teil I). Die beobachteten Konformationsänderungen demonstrieren, daß ein Enzymmolekül kein starres Gebilde ist („Schlüssel-Schloß-Prinzip"), sondern eine flexible Struktur besitzt. Diese Flexibilität ist Voraussetzung für den Ablauf des katalytischen Prozesses überhaupt, da dadurch Anpassungen und Annäherungen bestimmter Teile des Enzymmoleküls an das Substratmolekül erreicht werden, die für den katalytischen Prozeß notwendig sind („induced-fit-Hypothese" von KOSHLAND).

1.9.1. Ursachen der hohen katalytischen Fähigkeiten von Enzymen

Zwischen der *Enzymkatalyse* und der *chemischen Katalyse* gibt es *keine grundsätzlichen Unterschiede*, beide bedienen sich der gleichen chemischen Mechanismen. Jedoch sind Enzyme unter milden Bedingungen (normaler Druck, 37 °C, wäßrige Lösung) viel wirksamer als alle chemischen Katalysatoren. Die durch Enzyme ausgelösten Reaktionsbeschleunigungen sind ungeheuer groß. Sie betragen etwa das 10^9- bis 10^{12}fache gegenüber der jeweiligen nichtkatalysierten Reaktion. Die Kenntnis des Reaktionsmechanismus allein liefert noch nicht das Verständnis für die enormen katalytischen Fähigkeiten eines Enzyms.

Im folgenden seien zwei Gruppen von Faktoren diskutiert, die Beiträge zur katalytischen Aktivität von Enzymen liefern. Da sie auf unterschiedlichen Mechanismen beruhen, werden sie als *Katalysebeiträge 1. und 2. Art* bezeichnet.

Als *Katalysebeiträge 1. Art* werden die Prozesse der *Substratimmobilisierung* an der Oberfläche des Enzyms, sowie Nachbarschafts-, Orientierungs- und Ausrichtungseffekte der Substrate untereinander und zu den funktionellen Gruppen im aktiven Zentrum bezeichnet. *Katalysebeiträge 2. Art* stellen Effekte dar, die vom Protein aus-

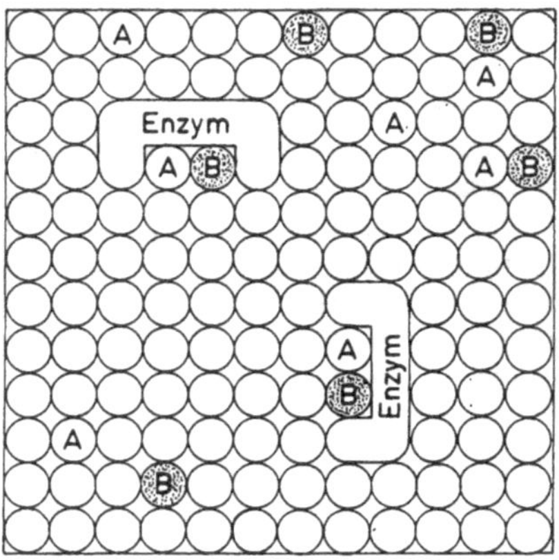

Abb. 16. Schema zur Verdeutlichung der Konzentrierung der Substrate an der Oberfläche eines Enzyms
(D. E. KOSHLAND, Jr. J. Theoretical Biology 2, 75 (1962))

gehen und im Substrat *Spannungs- oder Dehnungszustände* erzeugen, die die Entstehung des Übergangszustandes begünstigen und dadurch die Reaktionsfähigkeit des Substrats erhöhen.

Betrachten wir zunächst die Katalysebeiträge 1. Art. Eine Erleichterung der Reaktion zwischen den Teilchen A und B tritt zweifellos ein, wenn sie beide auf der Oberfläche des Enzyms, genauer gesagt im aktiven Zentrum, einander eng benachbart festgehalten werden (Abb. 16).

Das Molekül A wird mit Sicherheit ein benachbartes Molekül B finden, wenn das Enzym mit beiden Komponenten gesättigt ist, wobei der Sättigungsgrad vor allem von der Affinität des Enzyms zum Substrat bestimmt wird. Im Vergleich dazu ist bei einer gewöhnlichen bimolekularen Reaktion die Wahrscheinlichkeit für A ein Molekül B zu finden, über den gesamten Konzentrationsbereich von B proportional.

Der *Konzentrierungsfaktor* für die Annäherung zweier Moleküle von der Größe von Wassermolekülen beträgt bei 1 M Konzentration 55.

Dies gilt auch für solche Moleküle, die viel größer als Wasser sind, da die enzymatischen Reaktionen im allgemeinen an solchen Atomen wie N, O oder C ablaufen, die in erster Annäherung die Größe von Wassermolekülen haben.

Wir sehen daß der Annäherungsfaktor nicht unbedeutend ist (bei einer Konzentration der Substrate von 10^{-3} M, die bei Enzymreaktionen im allgemeinen üblich ist, beträgt er 55000), daß er aber nicht ausreicht, die gewaltige katalytische Potenz der Enzyme befriedigend zu erklären.

Besonders deutlich wird dies am Beispiel hydrolytisch wirkender Enzyme. In diesen Fällen kann die Konzentration des Wassers an der Enzymoberfläche kaum gesteigert werden, und trotzdem liegt eine enorme Reaktionsbeschleunigung durch diese Enzyme vor.

Als nächstes betrachten wir den möglichen Beitrag von *Orientierungseffekten*. Dabei haben wir zwischen zwei Stufen von Orientierungseffekten zu unterscheiden: 1. solchen, die eine sog. produktive Substratorientierung ergeben und 2. solchen, die eine maximale Elektronenüberlappung der reagierenden Atome des Substrates mit denen des katalytischen Zentrums gewährleisten.

Betrachten wir eine produktive Substratorientierung am Beispiel der Hexokinase. Dieses Enzym katalysiert die Phosphorylierung der Glucose in 6-Stellung durch ATP als Phosphatdonor (Abb. 17a). Glucose und ATP werden vom Enzym so gebunden, daß die 6-Hydroxylgruppe der Glucose der terminalen Phosphatgruppe des ATP direkt benachbart liegt. Hinzu kommt eine entsprechende räumliche Struktur der wirksamen Gruppen des katalytischen Zentrums der Hexokinase, nämlich des Histidin-

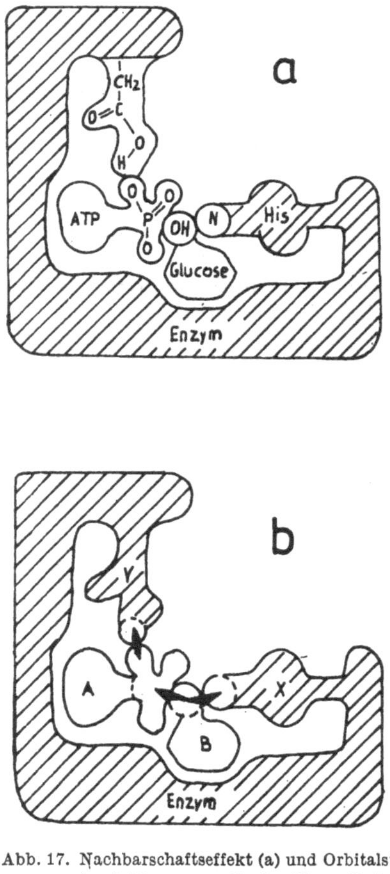

Abb. 17. Nachbarschaftseffekt (a) und Orbitalsteuerung (b) bei der Hexokinase (nach KOSHLAND, Nachr. Chem. Techn. 19, 47 (1971))

und Asparaginsäurerestes. Im Vergleich zu einer solchen produktiven Substratorientierung gibt es eine Reihe substratanaloger Verbindungen (sowohl Abkömmlinge der Glucose als auch solcher des ATP), die nicht so genau vom aktiven Zentrum gebunden werden, was sowohl Verminderungen ihrer Affinität zum Enzym als auch Verlangsamungen in der Geschwindigkeit der Phosphatübertragung zur Folge hat. Dieses Phänomen wird als „nichtproduktive Bindung" bezeichnet. Häufig sind dies wirksame Inhibitoren von Enzymen. Es steht demnach außer Zweifel, daß die Orientierung der Substrate zueinander an der Enzymoberfläche sehr wesentlich für das Zustandekommen einer Enzymreaktion ist. Ausgehend von diesen Überlegungen entwickelte KOSHLAND die experimentell gestützte Hypothese der „Orbitalsteuerung" oder „Orbitalausrichtung" bei enzymkatalysierten Reaktionen (Stufe 2). Nach dieser Vorstellung ist die Orientierung der Atom- und Molekülorbitale der im aktiven Zentrum fixierten Substrate und ihrer reagierenden Gruppen zueinander und zu den reaktiven Atomen im aktiven Zentrum so genau, daß sie eine hohe Reaktionsgeschwindigkeit ergeben. In Abb. 17b ist diese Orbitalausrichtung schematisch durch Keile angedeutet, die den Raumwinkel angeben, der für den Ablauf der Reaktion optimal ist. KOSHLAND gelang es, diese Vorstellungen durch Modellreaktionen zu untermauern.

Einwände dagegen ergeben sich aus der Tatsache, daß die erforderliche Winkelgenauigkeit von 0,1° in den Bereich normaler Vibrationen fällt und es unwahrscheinlich ist, daß die Substratausrichtung im aktiven Zentrum mit so hoher Genauigkeit überhaupt erfolgen kann.

Für die Beschleunigung ist weiterhin von großer Bedeutung, daß die reagierenden Partner an das Enzym in einer dem reaktiven Übergangszustand ähnlichen Struktur gebunden werden (s. S. 12). Die Immobilisierung der Substrate in einer derartig reaktiven Form könnte durch die Genauigkeit der Geometrie und der chemischen Eigenschaften des aktiven Zentrums ermöglicht werden.

Von den Katalysebeiträgen II. Art seien zunächst die *Spannungsmechanismen* erörtert (Abb. 18). Ein Substratmolekül wird an das aktive Zentrum derart gebunden,

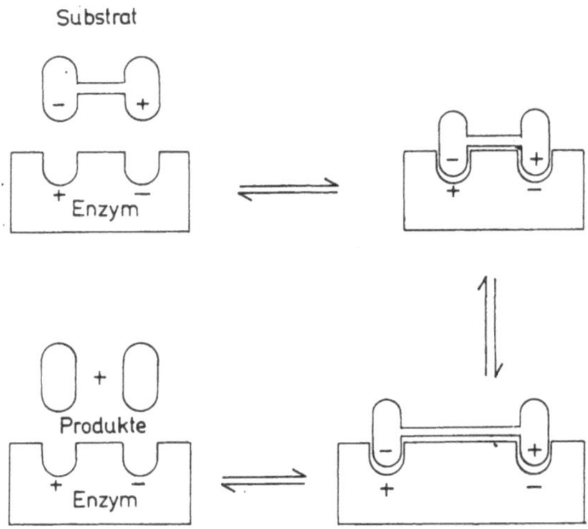

Abb. 18. Schema zur Verdeutlichung von Spannungseffekten im aktiven Zentrum von Enzymen

daß durch die Ladungsverteilung zwischen Substrat und Bindungsregion am Enzym sowie durch Konformationsänderungen eine Spannung oder Dehnung in der zu spaltenden Bindung des Substratmoleküls entsteht. Aus der organischen Chemie gibt es zahlreiche Beispiele, die die Bedeutung von Spannungseffekten innerhalb eines Moleküls für die Angreifbarkeit einer Bindung demonstrieren (Abb. 19). Die alkalische Hydrolyse des 5gliedrigen cyclischen Äthylenphosphates an der O-P-Bindung geht 10^8mal schneller vor sich als die Hydrolyse des Dimethylphosphates. Es konnte gezeigt werden, daß diese Geschwindigkeitssteigerung praktisch ausschließlich durch Spannung innerhalb der 5gliedrigen Ringverbindung zustande kommt. Ein weiterer interessanter Effekt in diesem Ringsystem ist der protonenkatalysierte Austausch von markiertem Sauerstoff zwischen Wasser und Äthylen-

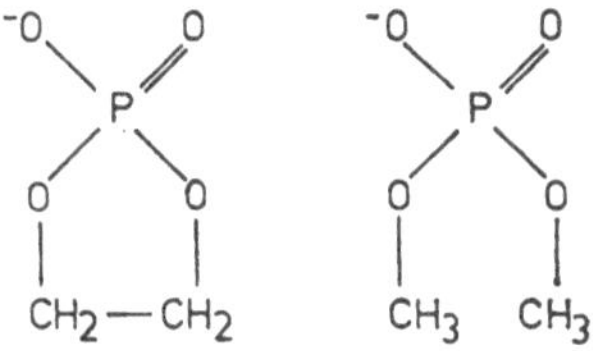

Abb. 19. Strukturen des Äthylenphosphates (links) und des Dimethylphosphates (rechts)

phosphat, der ohne Ringöffnung erfolgt. Dies zeigt, daß die Aufhebung der Spannung in diesem Ringsystem nicht erst im Hydrolyseprozeß selbst, sondern in den Übergangszuständen von Hydrolyse und O-Austausches erfolgt.

Eine breite Anerkennung hat die Theorie der *induzierten Anpassung* von KOSHLAND (*induced-fit-Theorie*) gefunden. Nach dieser Theorie befinden sich die katalytischen Gruppen im aktiven Zentrum des freien Enzyms zunächst nicht in der Position zueinander, die für den Ablauf der Reaktion optimal ist. Wenn ein „gutes“ Substrat von dem Enzym gebunden wird, werden die Bindungskräfte zwischen ihm und dem Enzym dazu benutzt, das Enzym in eine wirksame Konformation zu bringen. Dabei werden die katalytischen Gruppen in eine entsprechende Position zu den reagierenden Atomen im Substrat gebracht, die den katalytischen Prozeß möglich macht. Ein „schlechtes“ Substrat kann nach dieser Vorstellung zwar vom aktiven Zentrum gebunden werden, besitzt aber nicht die strukturellen Eigentümlichkeiten zur Induktion einer katalytisch aktiven Konformation, so daß der Ablauf der Reaktion behindert ist (Abb. 20).

Aus der *Röntgenkristallstrukturanalyse* von Proteinen wurde deutlich, daß die *Stabilisierung der Raumstruktur* eines Proteins vor allem durch *hydrophobe Bindungen* erfolgt. Im Innern eines Proteinmoleküls existiert ein

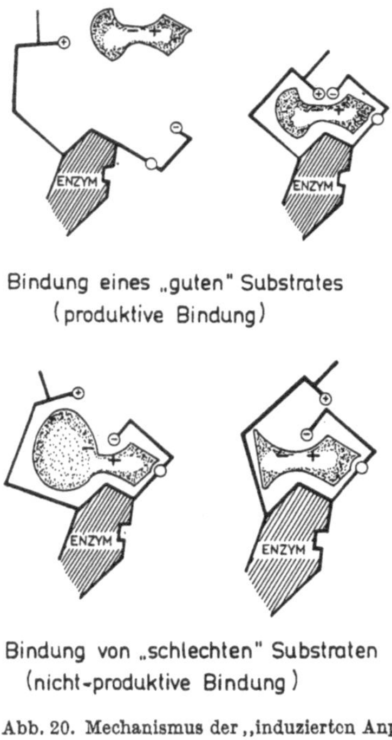

Abb. 20. Mechanismus der „induzierten Anpassung" (nach KOSHLAND, Science 142, 1533 (1963))

hydrophobes Milieu, gleiches gilt auch in abgestufter Weise für die aktiven Zentren von Enzymproteinen. Eine allgemeine Regel ist, daß die *aktiven Zentren* nicht aus dem Eiweißmolekül heraus- und in das Lösungsmittel hineinragende Aminosäuregruppierungen sind, sondern *eingestülpte Taschen* oder *Krypten* darstellen. Diese sind in der Lage, das Lösungsmittel von den aktiven Gruppen abzuschirmen. Aus diesem Grunde entsteht innerhalb des *aktiven Zentrums* ein besonderes *Mikromilieu* mit betont *hydrophobem Charakter*, welches sich vom Lösungsmittel und von der äußeren Oberfläche des Enzymproteins wesentlich unterscheidet. Das Substrat wird bei seiner Bindung an das aktive Zentrum aus der wäßrigen Lösung in ein nichtpolares Medium mit niedriger Dielektrizitätskonstante überführt. Dadurch entsteht ein einzigartiges Reaktionsmedium, in dem die elektrostatischen Wechselwirkungen zwischen den ionisierten Gruppen des aktiven Zentrums und denen des Substrates mehrfach größer als in Wasser sind. Es steht außer jedem Zweifel, daß dies von großer Bedeutung für die im Verlauf des katalytischen Prozesses notwendig werdende Polarisierung von Bindungen innerhalb des Substrates ist. Innerhalb eines hydrophoben Milieus ist die elektronenpolarisierende Wirkung von Wasserstoffbindungen sowie von elektrostatischen u. a. Bindungen viel größer als in einem wäßrigen Medium, in dem die geladenen Gruppen völlig oder teilweise durch die Wasserdipole abgedeckt sind.

1.9.2. Grundsätzliche Mechanismen der enzymatischen Katalyse

Die *Enzymkatalyse* stellt vorwiegend eine *homogene Katalyse* dar, da der Katalysator sich in gelöster Form in derselben Phase wie die Reaktanten befinden. Es sei aber nicht übersehen, daß Enzymreaktionen in physikalischer Hinsicht auch manche Charakteristika der heterogenen Katalyse tragen: Enzyme können in wäßriger Lösung als Pseudophase betrachtet werden, da aktive Zentren häufig ein hydrophobes Mikromilieu besitzen, in dem, wie im vorigen Kapitel ausgeführt, einzigartige Reaktionsmöglichkeiten bestehen, und das Substrat zum Zustandekommen der Reaktion aus der wäßrigen Phase in das hydrophobe Milieu des aktiven Zentrums überführt werden muß.

Weiterhin sei im Hinblick auf die Ähnlichkeit zur heterogenen Katalyse der formale Parallelismus zwischen der LANGMUIRschen Adsorptionsisotherme und der MICHAELIS—MENTEN-Gleichung erwähnt.

Die Reaktionsmechanismen von Enzymen folgen jedoch den Prinzipien der homogenen Katalyse. Dabei stehen folgende zwei Mechanismen im Vordergrund:

1. Säure-Basen-Katalyse
2. Nucleophile Katalyse

Darüber hinaus findet man auch Fälle von elektrophiler Katalyse. Häufig werden im Verlauf der Katalyse kovalente Zwischenverbindungen zwischen bestimmten Aminosäureresten im aktiven Zentrum des Enzyms und dem Substrat durchlaufen (kovalente Katalyse).

In zahlreichen Fällen setzt sich der Gesamtprozeß des Umsatzes eines Substrates durch ein bestimmtes Enzym aus mehreren Schritten mit unterschiedlichen Katalysemechanismen zusammen (s. Mechanismus der Chymotrypsin-Wirkung auf S. 70ff.).

Zunächst sei die *Säure- und Basenkatalyse* kurz erörtert. Säuren vermögen chemische Reaktionen zu katalysieren, indem sie die Reaktanten protonisieren und Basen, indem sie Protonen von den Reaktanten entfernen.

Eine spezifische Säure- oder Basenkatalyse liegt dann vor, wenn die Reaktionsgeschwindigkeit linear von der H_3O^+- oder OH^--Ionenkonzentration abhängt und nicht von anderen Säuren oder Basen im System beeinflußt wird. Beispiele aus der Chemie sind hierfür die Abhängigkeit der Inversion der Saccharose von der H^+-Konzentration oder die Abhängigkeit der Esterhydrolyse von der OH^--Konzentration.

Reaktionen, die von allen Säuren oder Basen im System abhängen, unterliegen einer allgemeinen Säure- oder Basenkatalyse (z. B. Mutarotation der Glucose). Infolge der Säure- und Basennatur der funktionellen Gruppen im Proteinmolekül ist dieser Katalysetyp außerordentlich wichtig für die Enzymkatalyse.

Von einer *nucleophilen Katalyse* spricht man dann, wenn ein Nucleophil, d. h. eine „kernsuchende“, elektronenabgebende Verbindung eine polarisierte Bindung zwischen zwei Atomen spaltet und nach dem Prinzip der nucleophilen Substitution eine kurzlebige „aktivierte“ Übergangsverbindung N—X bildet.

$$N\colon + X{-}R \longrightarrow N{-}X + \colon R$$

Als Beispiel sei die Hydrolyse von p-Nitrophenylacetat durch Imidazol als nucleophiler Katalysator besprochen. Bei diesem Prozeß ist N-Acetylimidazol als Zwischenprodukt tatsächlich nachgewiesen worden.

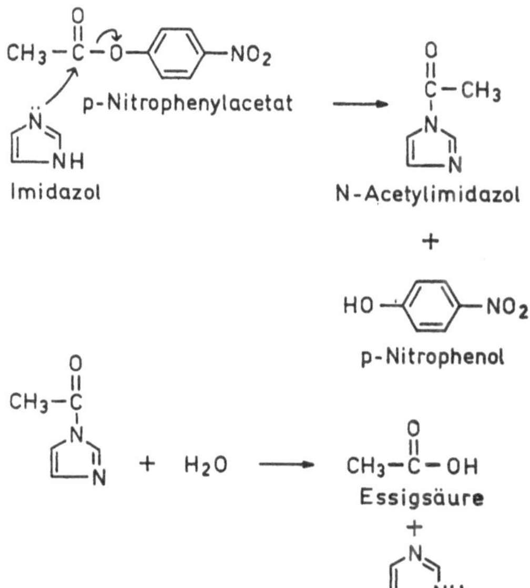

Da Imidazolgruppen auch als Bestandteile aktiver Zentren von Enzymen nachgewiesen wurden, kann man diese Reaktion als Modell für eine Enzymkatalyse betrachten. Es sei ergänzt, daß Imidazol nicht nur nucleophile Katalysen, sondern auch allgemeine Basenkatalysen bewirken kann.

1.9.3. Der Reaktionsmechanismus des Chymotrypsins

Auf S. 51 wurde die Aktivierung des inaktiven Chymotrypsinogens zum Chymotrypsin besprochen und ausgeführt, daß dabei ein Molekül des aktiven Enzyms entsteht, das aus drei ungleich langen Polypeptidketten aufgebaut ist. In diesem Abschnitt wollen wir uns etwas näher mit der molekularen Architektur und dem Wirkungsmechanismus dieser wichtigen Protease befassen.

Die *Struktur* des *Chymotrypsins* ist durch Sequenz- und Röntgenanalyse sowie mit Hilfe anderer physikalischer Methoden (s. Band I) aufgeklärt worden. Bevorzugt wurden hierbei Derivate verwendet, bei denen ein bestimmter Aminosäurerest modifiziert war und so als Leitposition für die Fouriersynthese diente. Die Abbildung im Anhang zeigt das dreidimensionale Modell von Tosyl-Chymotrypsin, bei dem das Serin 195 des α-Chymotrypsins eine Toluolsulfonylgruppe ($CH_3—C_6H_4—SO_2$) trägt.

Die drei Peptidketten des monomeren α-Chymotrypsins liegen überwiegend in gestreckter Konformation vor und sind so gefaltet, daß verschiedene Kettenabschnitte antiparallel verlaufen und sich bis auf durchschnittlich 4,5 Å nähern. Diese sehr kompakte Strukturierung wird hauptsächlich durch 2 Disulfidbrücken, 3 Disulfidspangen sowie durch Wasserstoffbindungen stabilisiert. Lediglich 8 Aminosäuren am Carboxylende der C-Kette bilden eine α-Helix. Während das Innere des Moleküls vorwiegend aus nichtpolaren Seitenketten zusammengesetzt ist, befinden sich an der Oberfläche polare Gruppen der drei Ketten, die in gegenseitige Wechselwirkungen treten. Die Ausbildung einer Ionenbindung zwischen der terminalen α-Carboxylgruppe der C-Kette (Asp 245) und der ε-Aminogruppe von Lysin 107 der B-Kette verhindert den Angriff durch eine Carboxypeptidase.

Im Gegensatz zur Tertiärstruktur anderer Enzyme (RNase, Lysozym, Carboxypeptidase, Papain und Carboanhydrase) liegt beim Chymotrypsin das *aktive Zentrum* nicht in einer Spalte, sondern befindet sich in einem locker strukturierten Abschnitt des Moleküls.

Die für die Katalyse wichtigsten Aminosäuren sind das Serin 195 in der C-Kette, das Histidin 57 der B-Kette sowie die Asparaginsäure 102 der B-Kette. Obwohl diese drei Aminosäuren in der Sequenz an sehr entfernten Positionen stehen, sind die Ketten doch so gefaltet, daß die Abstände zwischen den N-Atomen des Imidazol-

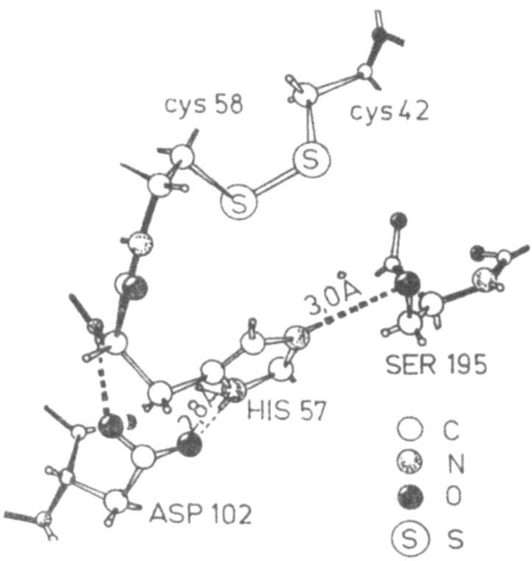

Abb. 21. Konformation des aktiven Zentrums von α-Chymotrypsin
Ausschnitt aus dem aktiven Zentrum mit Blickrichtung in das Molekülinnere. Peptidkettenskelett schwarz, H-Bindungen gestrichelt (BLOW, D. M., BIRKTOFT, J. J., und B. S. HARTLEY, Nature (London), 221 (1969), 337–340)

ringes und dem Sauerstoffatom des Seryl- bzw. Aspartylrestes nur 3,0 bzw. 2,8 Å betragen (Abb. 21). Diese für die Katalyse notwendige Konformation wird durch mehrere Disulfidbindungen in unmittelbarer Nähe des Zentrums sowie durch ein Ionenpaar aufrecht erhalten, das zwischen dem positiven N-Terminus der B-Kette (Ileu 16) und dem negativen Aspartylrest 194 in der C-Kette besteht.

Darüber hinaus sind auch andere Aminosäuren für die Konformation des aktiven Zentrums und seine katalytische Wirksamkeit wichtig. Die Schleifen I und II der C-Kette sowie Methionin 180 sind an der Bindung und Orientierung des Substrates im aktiven Zentrum beteiligt.

Die Bedeutung der OH-Gruppe des Serylrestes war schon länger aus Versuchen mit einem Inhibitor, dem Diisopropylfluorophosphat, bekannt. Dieser hochtoxische Hemmstoff reagiert nach der Art eines Pseudosubstrates spezifisch mit dem essentiellen, unmittelbar an der Katalyse beteiligten Serylrest 195.

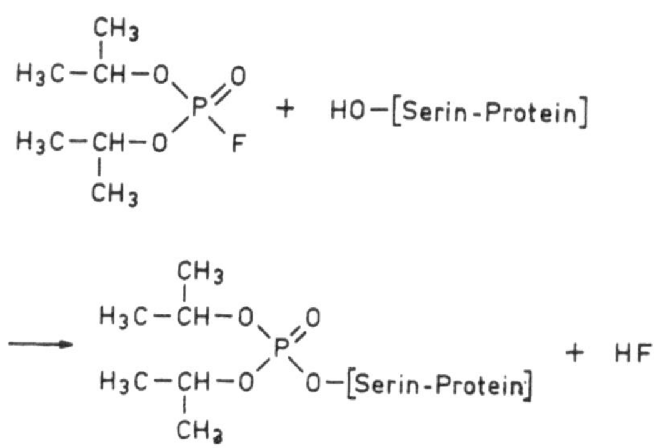

Die Reaktion ist für die sogenannten Serin-Enzyme (z. B. Acetylcholinesterase und Serin-Proteasen) charakteristisch. Das so markierte Serin des katalytischen Zentrums läßt sich leicht isolieren und nachweisen.

Weitere kinetische Studien mit anderen Inhibitoren, mit chemisch modifizierten Chymotrypsinen und über die pH-Abhängigkeit der Katalyse führten zu dem Konzept der *Mehrzentrenreaktion*, das durch die Röntgenstrukturanalyse eine glänzende Bestätigung und Ergänzung fand.

Verfolgt man die Mehrzentrenreaktion anhand des Strukturmodells auf dem Faltblatt im Anhang, so gewinnt man einen Einblick in die Notwendigkeit und die spezifische Rolle des makromolekularen Aufbaus von Chymotrypsin für den Ablauf des enzymatischen Prozesses.

Die Mehrzentrenreaktion wurde zuerst für die Hydrolyse eines Substratesters $R_1{-}O{-}\overset{\displaystyle O}{\overset{\|}{C}}{-}R_2$ formuliert und dürfte in analoger Weise auch bei der Gruppierung $R_1{-}\underset{\displaystyle H}{N}{-}\overset{\displaystyle O}{\overset{\|}{C}}{-}R_2$ ablaufen. Nach dem Reaktionsmechanismus erfolgt die chymotryptische Peptidhydrolyse in zwei Stufen. Zunächst findet eine Acylierung des Enzyms statt, bei der ein Ester aus der Carbonylgruppe der angegriffenen Peptidbindung des Substrates und der Hydroxylgruppe des Serin 195 gebildet wird. Dabei wird das erste Spaltprodukt ($R_1{-}NH_2$) frei. In der sich anschließenden Desacylierung des Enzyms hydrolysiert die Serin-O-Acylbindung unter Regenerierung des Enzyms und Freisetzung des zweiten Spaltproduktes ($R_2{-}COOH$).

Die stark nucleophile Natur des Serin 195 ist durch das benachbarte Histidin 57 bedingt, dessen Imidazolrest als Protonendonator und -acceptor fungiert. Nach den Ergebnissen von BLOW et al. wird der Protonenübergang zwischen dem Histidin 57 und der $R_1{-}\underset{\displaystyle H}{N}$-Gruppierung des Substrates durch Asparaginsäure 102 unterstützt und so der nucleophile Angriff des Serinsauerstoffs forciert (Abb. 22).

Die Umgebung der Wasserstoffbindung zwischen Asparaginsäure 102 und dem polarisierbaren Resonanzsystem des Histidin 57 wird durch hydrophobe Seitenketten der umliegenden Aminosäuren (Ala 55, Ala 56,

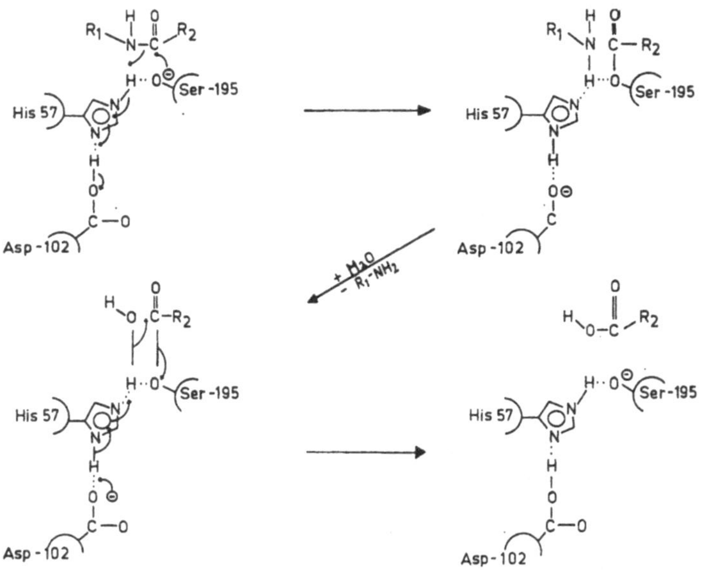

Abb. 22. Reaktionsmechanismus von Chymotrypsin oben: Acylierung; unten: Deacylierung

His 57, Cys 58, Tyr 94, Ileu 99, Ser 214) in einer Weise abgeschirmt, daß einerseits der Zutritt von Hydroniumionen an die Carboxylat-Gruppe des Aspartylrestes 102 verhindert und andererseits entlang der Wasserstoffbindungen und des Imidazolringes ein Elektronentransfer in Richtung auf die Oberfläche des Moleküls „kanalisiert" wird, der die für die Katalyse notwendige Elektronegativität des Serinsauerstoffs schafft.

Aus der Topographie des Reaktionsmechanismus von

Chymotrypsin geht hervor, daß das Substrat in einer bestimmten sterischen Konfiguration in das aktive Zentrum „eingepaßt“ werden muß. Die notwendige Konformation des aktiven Zentrums wurde bereits oben beschrieben. So tritt z. B. bei Aufhebung der Ionenbindung zwischen Isoleucin 16 und Asparaginsäure 194 eine Konformationsänderung in der B-Kette ein, die die Substratanlagerung erschwert und so zu einer Aktivitätsminderung des Enzyms führt.

Durch Untersuchungen über die Temperaturabhängigkeit der chymotryptischen Hydrolyse von synthetischen Derivaten aromatischer Aminosäuren, wie L-Tyrosinäthylester u. a., wurden Vorstellungen über die Notwendigkeit von hydrophoben Wechselwirkungen bei der *Bildung des Enzym-Substrat-Komplexes* entwickelt. Dabei spielen zwei benachbarte Schleifen der C-Kette eine Rolle, die über die Disulfidbindung 191—220 etwa senkrecht zueinander „verspannt“ sind. Die eine Schleife (I) trägt das aktive Serin 195, die andere (II) liegt dem gegenüber (vgl. Abb. im Anhang). Jene zweite Schleife bildet eine hydrophobe Micelle (Tasche), in die die Phenylgruppe des synthetischen Substrates eintaucht. Durch die Eintauchrichtung gerät die Carbonylgruppe des Substrates in eine räumlich günstige Lage zu den beiden funktionellen Gruppen Serin 195 und Histidin 57. Bei anderen aromatischen Aminosäurederivaten vermag Schleife I als Micelle in hydrophober Wechselwirkung mit dem Substrat den Orientierungsvorgang im aktiven Zentrum zu bewirken. Diese Vorstellungen stimmen damit überein, daß Chymotrypsin bevorzugt die Peptidbindungen von aromatischen Aminosäuren wie Tyrosin, Phenylalanin und Tryptophan angreift.

Versuche mit anderen, insbesondere N-substituierten Tyrosinderivaten haben gezeigt, daß neben der Bindung des Substrates an die hydrophobe Micelle und an das Serin 195 bei Bildung des Enzym-Substrat-Komplexes noch eine dritte Bindungsstelle für die Stereospezifität der Chymotrypsinreaktion entscheidend ist. Es handelt sich um eine Wasserstoffbindung zwischen dem Stickstoff der Acylaminogruppe des Substrates und einer bisher noch nicht lokalisierten Acceptorgruppe am Enzym.

Diese Bindung ist ebenfalls an der Orientierung der Carboxylgruppe zum aktiven Serylrest beteiligt.

Bei den Untersuchungen mit L-Tyrosin-äthylester ergaben Messungen der kernmagnetischen Resonanz, daß jener „Eintauchvorgang" der Phenyl-Gruppe in die hydrophobe Enzymmicelle der geschwindigkeitsbestimmende Vorgang der chymotrypsinkatalysierten Reaktion ist. Dieser erst führt zum reaktionsfähigen Enzym-Substrat-Komplex. Das bedeutet, daß für Chymotrypsin die a-priori-Annahme von MICHAELIS und MENTEN, der Zerfall des Enzym-Substrat-Komplexes limitiere die Geschwindigkeit der Gesamtreaktion, nicht zutrifft. Eine solche Schlußfolgerung war nur dadurch möglich, daß die chymotrypsinkatalysierte Hydrolyse als eine heterogene Katalyse angesehen wurde.

Ergebnisse aus kalorimetrischen Experimenten weisen darauf hin, daß bei der Bindung des Substrates eine Konformationsänderung im α-Chymotrypsin induziert wird, deren Bedeutung für die Katalyse noch unklar ist. Die gegenwärtige intensive Forschung über Struktur und Funktion des Chymotrypsin wird sicher bald ein detailliertes, aber auch verallgemeinerungsfähiges Modell vom Ablauf dieser enzymatischen Reaktion vorlegen können.

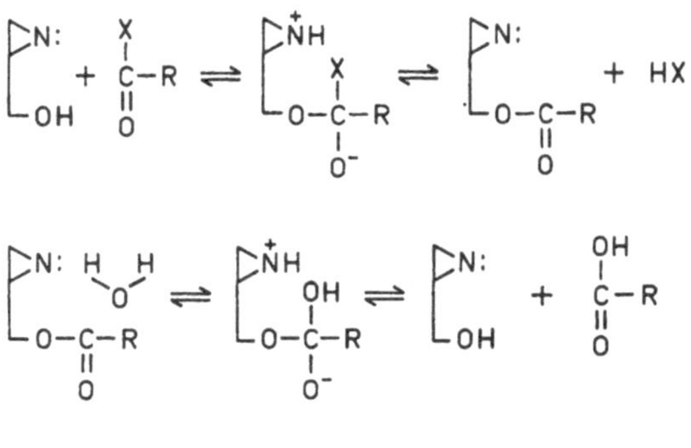

Zusammenfassend läßt sich der Reaktionsmechanismus *des Chymotrypsins* wie auf S. 76 angegeben darstellen, wobei $-OH$ und $\rangle N$: das Serin-Hydroxyl bzw. den Histidin-Stickstoff darstellen.

1.9.4. *Der Reaktionsmechanismus einer Gruppenübertragung am Beispiel der Transaminierung*

Die Übertragung der Aminogruppe von einer Aminosäure auf eine α-Ketosäure, ohne daß dabei freies Ammonium intermediär in Erscheinung tritt, wird von *Transaminasen* (*Aminotransferasen*) katalysiert. Solche Enzymsysteme wurden von Braunstein und Kritzmann (1937) erstmals beschrieben. Die Transaminierung erfolgt nach der allgemeinen Gleichung:

$$R_1-\underset{\underset{NH_2}{|}}{CH}-COOH + R_2-\underset{\underset{O}{\|}}{C}-COOH \rightleftharpoons R_1-\underset{\underset{O}{\|}}{C}-COOH + R_2-\underset{\underset{NH_2}{|}}{CH}-COOH$$

Coenzym der Transaminasen ist das *Pyridoxalphosphat* (PLP). Seine Carbonylgruppe bildet mit der ε-Aminogruppe eines Lysinrestes in kovalenter Iminbindung eine sogenannte Schiffsche Base oder Aldimin. Darüber hinaus bestehen mehrere weitere schwache Bindungen, die für eine

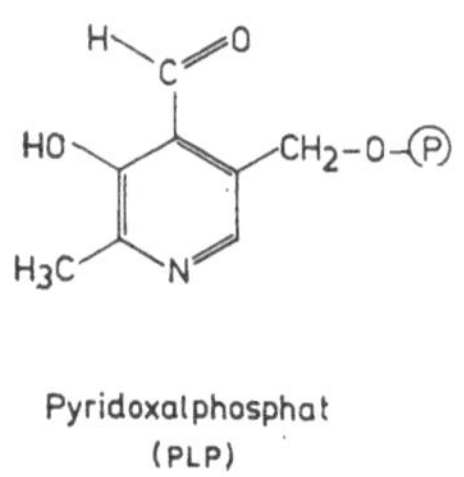

Pyridoxalphosphat
(PLP)

Fixierung des Coenzyms in katalytisch aktiver Form essentiell sind: a) eine salzartige Bindung zwischen dem Phosphatrest von PLP und einer kationischen Gruppe des Apoenzyms, sowie b) Wasserstoffbrücken von einer protonenliefernden Gruppe des Apoenzyms zum Stickstoff des Pyridinkerns und c) vom phenolischen Hydroxyl des PLP zum Stickstoff der Iminogruppe. Die Methylgruppe des PLP tritt in hydrophobe Wechselwirkung zum Apoenzym (Abb. 23, oberstes Formelbild). Die an den Bindungen beteiligten Aminosäuren des Apoenzyms sind bis auf Lysin noch nicht identifiziert worden.

Die Transaminierung verläuft über mehrere Zwischenstufen (Abb. 23). Zunächst wird die Aminosäure durch ihren ionisierten Carboxylrest und ihre Seitenkette an komplementäre Gruppen des Enzymproteins gebunden. Der Bildung dieses primären MICHAELIS-Komplexes folgt die Bindung des Substrates an das Coenzym. Dabei verdrängt die Aminogruppe des Substratmoleküls den Lysinrest aus der oben beschriebenen „inneren" SCHIFFschen Base des Enzyms und bildet mit dem PLP ein „äußeres" Aldimin. Die Bildung der SCHIFFschen Base zwischen Substrat und Coenzym erfolgt also nicht durch direkte Kondensation der Carbonyl- und Aminogruppe unter Wasserentzug, sondern durch *Transaldimierung*. Der nächste Schritt ist eine prototrope Umlagerung des Aldimins zum tautomeren Ketimin, das sodann zur Ketosäure und dem Pyridoxaminphosphat-Proteid hydrolysiert.

Im zweiten Stadium des Transaminierungscyclus, der nach Art des Ping-Pong-Mechanismus verläuft (vgl. S. 33ff.), reagiert ein anderes Ketosäuremolekül mit dem Pyridoxamin-Enzym in rückläufiger Richtung über dieselben Zwischenstufen.

Die prototrope Umlagerung ist die langsamste Teilreaktion der Katalyse. Sie ist für Transaminasen streng stereospezifisch. Es reagiert nur der α-Wasserstoff von L-Isomeren der Aminosäuren und nur eines von den zwei 4'-ständigen Wasserstoffatomen am Pyridoxaminphosphat (SNELL und DUNATHAN). Die prototrope Umlagerung stellt eine Säure-Base-Katalyse dar, an der vermutlich Histidin beteiligt ist.

Über die mögliche Topochemie der Transaminierung

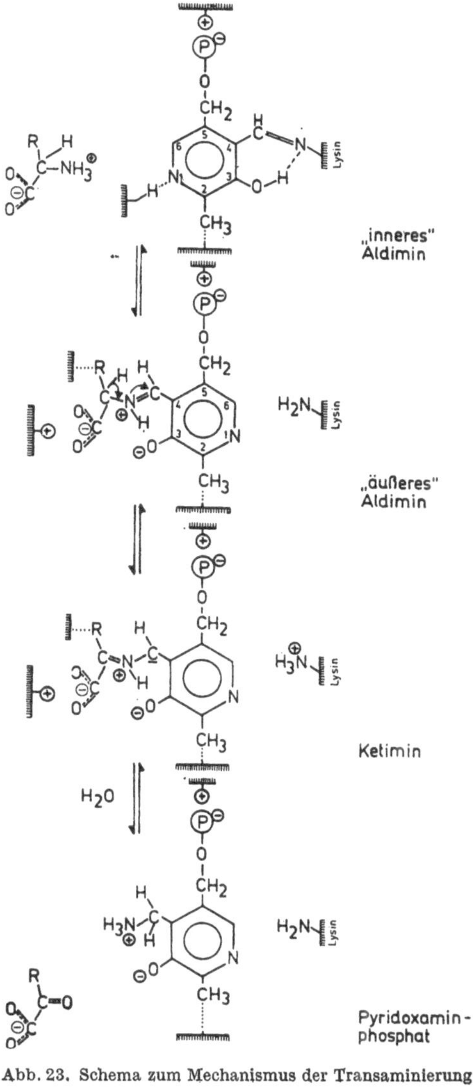

Abb. 23. Schema zum Mechanismus der Transaminierung

ist von A. E. Braunstein, W. Iwanow und M. J. Karpeiskij ein dynamisches Modell entworfen worden. Sie gehen von der Annahme aus, daß das aktive Zentrum des Enzyms zwei funktionell und räumlich gesonderte Bereiche einschließt. In dem einen liegt das Coenzym in Aldiminbindung mit dem Lysinrest vor, der andere Bereich enthält die Bindungsstellen für das Substrat und die katalytischen Gruppen für die prototrope Umlagerung. Eine solche Gliederung des aktiven Zentrums ermöglicht nur dann die Transaldimierung und alle nachfolgenden Schritte, wenn das Coenzym bei Anwesenheit des Substrates einen Orientierungswechsel vollzieht. Diese Umwandlung vom „inneren" zum „äußeren" Aldimin ist nun mit einer reversiblen Rotation oder Pendelbewegung des PLP verknüpft. Ein Drehpunkt ist dabei die am Protein fixierte Phosphatgruppe von PLP (die Methylgruppe in 2'-Stellung des PLP ist entbehrlich). Die räumliche Veränderung des Coenzyms erfordert und verursacht Konformationsänderungen im Proteinanteil der Transaminase; sie sind ein gutes Beispiel für die substratinduzierte Konformationsanpassung („induced fit" nach Koshland) (s. S. 65f.).

1.10. Allosterische Enzyme

Bisher wurden die Eigenschaften solcher Enzyme besprochen, die eine hyperbelförmige Abhängigkeit der Enzymaktivität von der Substratkonzentration ergeben (Abb. 4 und 24, Gl. (30)). Eine solche „Enzymkennlinie" wird zwar bei vielen, aber nicht bei allen Enzymen erhalten. In vielen Stoffwechselwegen kommen Enzyme vor, die keine hyperbelförmige, sondern eine s-förmige oder „sigmoidale" Kennlinie besitzen. Bei diesen Enzymen steigt die Geschwindigkeit v zunächst langsam an, wird dann mit steigender Substratkonzentration immer größer, bis sie schließlich in die Maximalaktivität übergeht. Solche Enzyme mit s-förmiger Kennlinie haben im allgemeinen eine große regulatorische Bedeutung im Stoffwechsel. Sie wurden von MONOD als *allosterische* Enzyme bezeichnet. Der Name „allosterisch“ rührt daher,

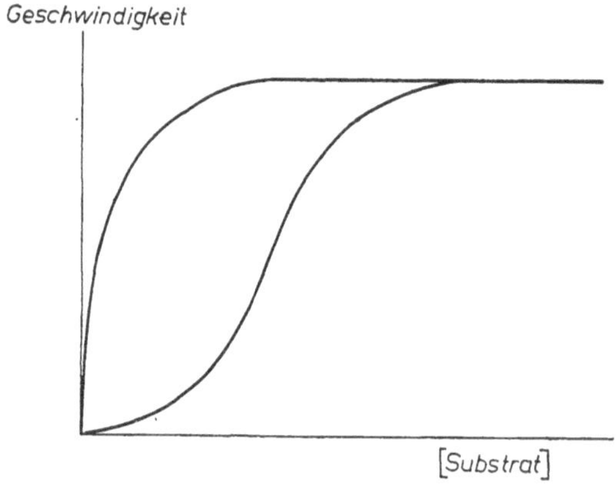

Abb. 24. MICHAELIS–MENTEN-Verhalten und kooperative Kinetik

daß diese Enzyme in ihrer Aktivität durch Metabolite (*Effektoren*) beeinflußt (d. h. gehemmt oder aktiviert) werden, die kaum eine chemische Verwandtschaft mit den Substraten, Produkten oder Coenzymen des betreffenden Enzyms aufweisen. Sie werden an besondere Zentren des oligomeren Enzymproteins gebunden, die mit den aktiven Zentren nicht identisch sind. Man unterscheidet deshalb *katalytische* und *regulatorische Zentren* an *allosterischen Enzymen*. Die Erscheinung der Allosterie ist an eine *oligomere Enzymstruktur* gebunden.

Eine *hyperbelförmige Kennlinie* kommt dann zustande, wenn das Enzym entweder nur eine Bindungsstelle für das Substrat hat oder wenn bei Anwesenheit mehrerer Substratbindungsstellungen diese kinetisch völlig unabhängig voneinander sind. Die *sigmoidale Kinetik* deutet auf eine Reaktion höherer Ordnung hin, die eintritt, wenn ein oligomeres Enzymprotein mehr als ein Substratmolekül bindet und die substratbindenden Zentren auf den verschiedenen Subeinheiten untereinander in mehr oder weniger engen Wechselwirkungen stehen (Gl. (55) u. (56)). Man spricht in diesem Falle von einer *Kooperativität* zwischen den substratbindenden Stellen am oligomeren Enzymmolekül. Als Folge dieser Wechselwirkungen erhöht ein an eine Bindungsstelle eines oligomeren Proteinmoleküls gebundenes Substratmolekül durch Induktion einer *Konformationsänderung* die Affinität der anderen Bindungsstellen zum Substrat um ein Mehrfaches. Bei Bindung eines zweiten Substratmoleküls wird eine weitere Affinitätssteigerung an den noch freien Stellen induziert usw.

$$E + nS \rightleftharpoons ES_n \rightarrow E + nP \tag{55}$$

$$K = \frac{E \cdot S^n}{ES_n}. \tag{56}$$

K ist das Produkt der Dissoziationskonstanten der n Bindungsstellen am oligomeren Enzymprotein. Die Lage der s-Kurve und ihre Steilheit ergibt sich aus zwei Parametern: Der Zahl der Bindungsstellen und der Stärke der Wechselwirkungen.

Charakteristisch für ein allosterisches Enzym ist, daß Steilheit und Lage seiner s-Kurve bei Anwesenheit einer Reihe von Metaboliten verändert werden können. Man bezeichnet sie als Effektoren. Sie haben bei einer großen Gruppe allosterischer Enzyme keinen Einfluß auf die Maximalgeschwindigkeit, verändern aber die Affinität des Enzyms zum Substrat und die Kooperativität (d. h. Stärke der Wechselwirkungen) zwischen den substratbindenden Stellen am Enzymmolekül. Man unterscheidet positive (Verschiebung der Kurve nach links) und negative (Verschiebung der Kurve nach rechts) Effektoren (Abb. 25).

Aus der Abbildung 25 ist zu ersehen, daß derartige

Effektoren, die, wie erwähnt, chemisch wenig oder keine Verwandtschaft zu den Substraten oder Produkten eines allosterischen Enzyms zu haben brauchen, „Verstärkerwirkungen“ auf die Enzymaktivität ausüben können. Sie können bei nichtsättigender Substratkonzentration

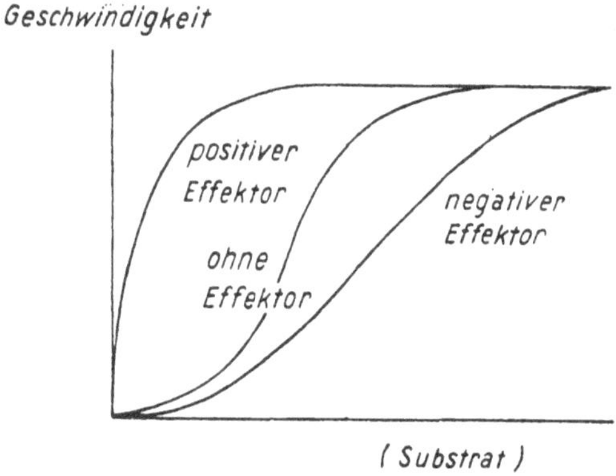

Abb. 25. Wirkungen positiver und negativer Effektoren auf allosterische Enzyme

infolge der Sigmoidizität der Kennlinie die Enzymaktivität äußerst wirksam steigern (positive Effektoren) oder drosseln (negative Effektoren). Für diese Effektoren stehen an den allosterischen Enzymen besondere Bindungsstellen zur Verfügung, die als allosterische oder regulatorische Zentren bezeichnet werden.

Die Erscheinung der Allosterie macht deutlich, daß zahlreiche oligomere Enzyme zusätzlich zu ihren katalytischen Fähigkeiten regulatorische Potenzen besitzen. Während ihre katalytischen Fähigkeiten auf den Eigenschaften der aktiven Zentren in den einzelnen Subeinheiten beruhen, sind ihre regulatorischen Funktionen auf die Wechselwirkungen zwischen den Untereinheiten zurückzuführen. Diese Wechselwirkungen werden durch Effektoren entweder verstärkt oder geschwächt, woraus das besondere kinetische Verhalten der allosterischen Enzyme resultiert, die wir als Aktivitätsmodulierung bezeichnen.

Allgemein formulieren wir deshalb: Die *Enzyme* sind die *katalytischen* und die *regulatorischen Einheiten* der belebten Materie. Die allosterischen Enzyme stellen deshalb höchst effektive regulatorische Systeme dar, da sich bei ihnen in reversibler Weise die Enzymkennlinien von der S-Kurve zur Hyperbel verändern lassen.

1.10.1. Beispiele allosterischer Enzyme

Da die *Sauerstoffbindungskurve des Hämoglobins* s-förmig verläuft, rechnet man dieses zu den *allosterischen Proteinen.* Hämoglobin kann überhaupt als das klassische allosterische Protein aufgefaßt werden, da an ihm die entsprechenden Modellvorstellungen entwickelt wurden und der Mechanismus der kooperativen Wechselwirkungen zwischen den Untereinheiten bei der Sauerstoffbindung weitgehend aufgeklärt werden konnte. Als negativer allosterischer Effektor für Hämoglobin wirkt 2,3-Diphosphoglycerinsäure (Näheres hierüber s. Teil I).

Ein besonders gut untersuchtes Beispiel eines allosterischen Enzyms ist die *Aspartat-Transcarbamylase* aus *E. coli.* Sie katalysiert den ersten Schritt in der Biosynthesekette des Pyrimidinringes, nämlich die Bildung von Carbamyl-Aspartat aus Carbamylphosphat und Aspartat. Das Enzym wird auf allosterische Weise sehr spezifisch und hochwirksam durch das mehrere Schritte entfernt gelegene Endprodukt dieser Synthesekette, nämlich durch das CTP gehemmt (s. Teil III) (Abb. 26). Dadurch erhält die Aspartat-Transcarbamylase *Schrittmacherfunktionen,* d. h. es wird zum geschwindigkeitsbestimmenden Enzym der Reaktionskette: bei einem hohen CTP-Spiegel wird der Reaktionsweg durch Hemmung desjenigen Enzyms gedrosselt, welches seinen ersten Schritt katalysiert; eine Erniedrigung des Endproduktes CTP, etwa infolge gesteigerter Nucleinsäure- oder Lipidsynthese, führt durch Enthemmung des Schrittmacherenzyms zu einer Erweiterung des Querschnittes der Synthesekette und damit zu einer gesteigerten Bildung von CTP. Wir haben es hier mit einem funktionell hervorragend angepaßten und

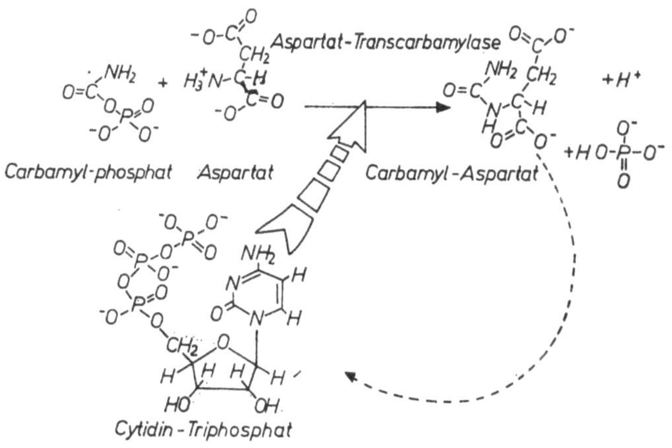

Abb. 26. Pyrimidinsynthese und Hemmung der Aspartat-Transcarbamylase durch CTP bei *E. coli*

ökonomisch arbeitenden selbstregulierenden System zu tun, dessen Kontrollmechanismus auf den allosterischen Eigenschaften seines Schrittmacherenzyms beruht.

Welche molekularen Eigenschaften liegen dieser Wirkungsweise zugrunde? Aspartat-Transcarbamylase ist ein Enzym, dessen Molekulargewicht 310000 beträgt. Es besteht aus zwei verschiedenen Typen von Untereinheiten, von denen der eine Typ ein Molekulargewicht von 100000, der andere von etwa 50000 hat. Das vollständige Molekül des Enzyms enthält je zwei Untereinheiten des großen und je zwei des kleinen Typs. Jede der beiden großen Untereinheiten besteht aus drei Polypeptidketten von je 33000 Dalton und jede der kleinen Untereinheiten ebenfalls aus drei Polypeptidketten zu je 17000 Dalton. Von besonderer Bedeutung ist die Tatsache, daß die großen Untereinheiten die Träger der katalytischen Aktivität und unempfindlich gegenüber dem Inhibitor CTP sind, während die kleineren Einheiten enzymatisch inaktiv sind, jedoch CTP zu binden vermögen. Die *katalytischen* und *regulatorischen Zentren* des Enzyms sind nach dem Gesagten auf *zwei verschiedene Typen* von *Untereinheiten* verteilt. Man bezeichnet die größere von den beiden als *katalytische Untereinheit* (C), die kleinere als *regulatorische Untereinheit* (R). Insgesamt besitzt das Enzym sechs katalytische und sechs regulatorische Bindungszentren; das bedeutet, daß bei den katalytischen Untereinheiten je ein Bindungszentrum pro Polypeptidkette von 33000 Dalton und bei den regulatorischen Untereinheiten je ein CTP-Bindungszentrum pro Polypeptidkette von 17000 existiert. Die Aspartat-Transcarbamylase hat demzufolge die allgemeine Formel C_6R_6. Direkte Bindungsexperimente der Substrate an das Enzymprotein mittels Gleichgewichtsdialyse ergaben, daß deren Bindung an das native Enzym kooperativ und an die isolierte katalytische Untereinheit nichtkooperativ erfolgt. Die Bindung des negativen Effektors CTP an das native Enzym und an die regulatorische Untereinheit erfolgt nichtkooperativ. Aus der Tatsache, daß kooperative Effekte bei der Substratbindung nur dann auftreten, wenn die katalytischen Untereinheiten in das native Protein als Gesamtheit integriert sind, und daß hierfür nicht die Bindung von CTP die Voraussetzung ist, kann geschlossen werden, daß die allosterischen Wechselwirkungen durch das Proteinmolekül selbst vermittelt werden. Die native Quartärstruktur des Proteinmoleküls ist hierfür die unerläßliche Voraussetzung.

Interessant sind die Gesetzmäßigkeiten der Bindung von p-Mercuribenzoat an die Aspartat-Transcarbamylase. Die Reaktion des Enzyms mit diesem Reagens gehorcht dem Alles-oder-Nichts-Gesetz. Das native, nichtdissoziierte Enzym bindet kein p-Mercuribenzoat. Erst nach Eintritt der Dissoziation tritt eine Bindung ein. Ein Titrationsendpunkt wird bei 27 ± 1 p-Mercuribenzoat-Molekülen pro natives Enzymmolekül erreicht. 95% des Reagens werden davon an die regulatorischen Untereinheiten gebunden und nur ein sehr kleiner Anteil an die katalytischen. Die Untersuchung des zeitlichen Verlaufes der Bindung ergab, daß bei Anwesenheit von Substrat eine sechsfache Steigerung der Reaktionsgeschwindigkeit der SH-Gruppen in der regulatorischen Untereinheit des Enzymproteins eintritt. Die Bindung von CTP verlangsamt die SH-Reaktivität. In Abwesenheit der Substrate hat CTP keinen Einfluß auf die Reaktivität der SH-Gruppen. Diese Befunde deuten darauf hin, daß Substrate und Effektoren Konformationsänderungen am Enzymmolekül induzieren. Das wird dadurch unterstrichen, daß das Enzym bei Anwesenheit der Substrate einen um 3,6% niedrigeren Sedimentationskoeffizienten als bei ihrer Abwesenheit hat. Auch hier vermag CTP den Substrateffekt aufzuheben. Diese Versuche zeigen, daß die Aspartat-Transcarbamylase bei Anwesenheit von Substrat in einer „geschwollenen“ und bei seiner Abwesenheit bzw. in Gegenwart von CTP in einer „kompakteren“ Form mit niedrigerer Reaktivität ihrer SH-Gruppen vorliegt.

Die gegenseitige Anordnung der Untereinheiten im Quartärverband des Enzymmoleküls ist in Abb. 27 wiedergegeben. In neuerer Zeit konnte die Struktur des Enzyms durch Röntgenanalyse weitgehend aufgeklärt werden.

1.10.2. Modelle allosterischer Enzyme

Wie erwähnt, weist die *s-förmige Kennlinie* eines allosterischen Enzyms auf eine *Reaktion höherer Ordnung* hin, in deren Verlauf das Enzymmolekül mehrere Moleküle Substrat bindet. Diese Bindungsstellen stehen untereinander in mehr oder weniger starken Wechselwirkungen.

Zur Erklärung eines derartigen komplexen kinetischen Verhaltens wurden mehrere Modelle entwickelt, von denen nachstehend vor allem zwei besprochen werden sollen.

In dem Modell von KOSHLAND wird bei Bindung eines Substratmoleküls an eine Untereinheit eines oligomeren

Abb. 27. Anordnung der Polypeptidketten in der Aspartat-Transcarbamylase. Die großen Polypeptidketten sind die Bestandteile der katalytischen Untereinheiten, die kleineren die der regulatorischen Untereinheiten (nach J. P. ROSENBUSCH und K. WEBER, J. Biol. Chem. 246, 1644 (1971))

Enzymmoleküls in dieser Untereinheit eine Konformationsänderung erzeugt (vgl. mit dem Konzept der induzierten Anpassung, S. 65ff.), wodurch sich die Wechselwirkungen dieser Untereinheit mit den ihr benachbarten Untereinheiten verändert. Diese veränderten Wechselwirkungen verursachen in den anderen Untereinheiten eine Affinitätssteigerung zu dem betreffenden Substrat. Nach Beladung der nächsten Untereinheit mit Substrat kommt es zu einer Affinitätserhöhung der noch unbesetzten Stellen. Bis zur Sättigung des Enzyms kommt es demzufolge zu einer schrittweisen Affinitätssteigerung durch kooperativ veränderte Wechselwirkungen zwischen den Untereinheiten im Quartärverband des Enzyms.

Ein tetrameres Protein möge nacheinander 1, 2 ... bis 4 Moleküle eines Liganden binden und dabei Konformationsänderungen erleiden (Abb. 28). Der eine Konformationszustand sei als Kreis, der andere als Viereck gekennzeichnet. Die Bezeichnungen „tetraederförmig“, „quadratisch“ usw. sollen die erlaubten Wechselwirkungen zwischen den vier Subeinheiten angeben. Tetraederförmig heißt, jede Subeinheit kann mit jeder der anderen drei Subeinheiten in Wechselwirkung treten, im quadratischen Modell treten diagonale Wechselwirkungen nicht auf. Im „linearen“ Fall können 2 Subeinheiten je 2 und 2 Subeinheiten mit je einer Subeinheit kooperieren.

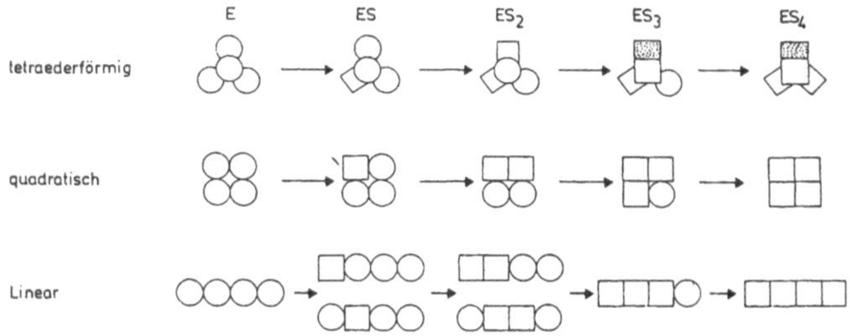

Abb. 28. Nacheinander erfolgende Konformationsänderungen der Subeinheiten in einem tetrameren Protein bei stufenweiser Bindung von Substratmolekülen (nach KOSHLAND, D. E. Jr., G. NEMETHY und D. FILMER, Biochemistry 5, 365 (1966))

Aus der Abbildung 28 wird deutlich, daß in dem KOSHLAND-Modell zahlreiche Möglichkeiten für die Entstehung hybrider Formen existieren.

Ein zweites Modell wurde von MONOD, WYMAN und CHANGEUX entwickelt. Danach liegt ein Protein bei Abwesenheit eines Liganden in zwei verschiedenen Konformationszuständen R und T vor (Abb. 29), die miteinander in einem Massenwirkungsgleichgewicht stehen. Die Umwandlung der einen Konformation in die andere bezeichnet man als „allosterischen Übergang“, die zugehörige Gleichgewichtskonstante als *allosterische Konstante.*

Die beiden Konformationszustände sind symmetrisch aufgebaut und bestehen aus Subeinheiten. Die mikroskopischen Dissoziationskonstanten der einzelnen Bin-

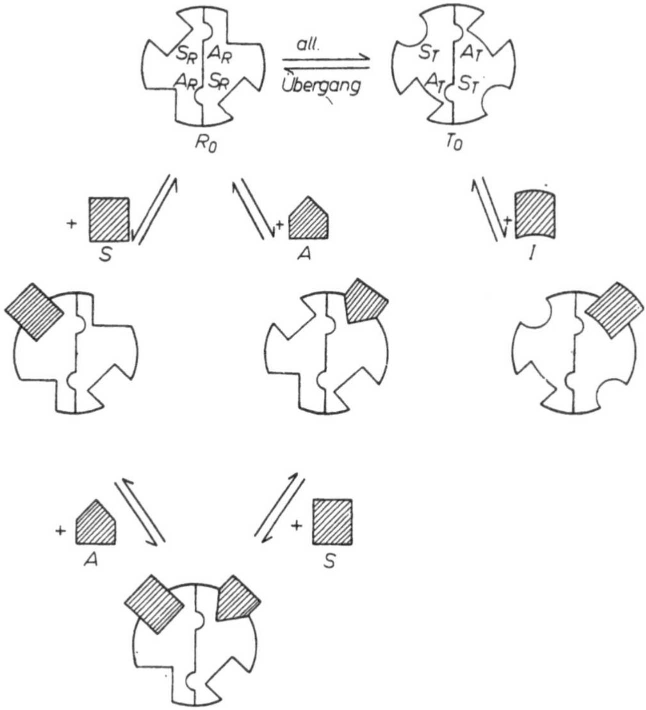

Abb. 29. Schema des allosterischen Übergangs nach MONOD
S = Substrat A = Aktivator (positiver Effektor) I = Inhibitor (negativer Effektor)

dungsstellen sind in jedem Konformationszustand gleich, zwischen den beiden Zuständen sind sie jedoch verschieden. Die Bindung eines Liganden würde das Gleichgewicht in Richtung desjenigen Konformationszustandes verschieben, der die größere Affinität zu ihm hat. Es ist verständlich, daß daraus ein kooperatives Verhalten resultiert, das durch die s-Kurve ihren äußeren Ausdruck findet. Ein Aktivator wird von dem Zustand bevorzugt gebunden, der die höhere Affinität zum Substrat (R), der Inhibitor von dem Zustand, der die niedrigere Affinität zum Substrat hat (T).

So wird erklärt, daß ein Aktivator (positiver Effektor) die „Kennlinie" des Enzyms nach links verschiebt bis aus der S-Kurve eine Hyperbel geworden ist („Schwächung" der Wechselwirkungen zwischen den Untereinheiten), ein Inhibitor hingegen eine Rechtsverschiebung verursacht (vgl. auch mit Abb. 25) und gleichzeitig die kooperativen Wechselwirkungen „verstärkt".

Nach einer anderen Vorstellung von RABIN kann bei *langsam* erfolgender *Konformationsänderung* (inaktiver → aktiver Zustand) und hohen Geschwindigkeiten der anderen Schritte der Gesamtreaktion auch eine s-förmige Abhängigkeit der Reaktionsgeschwindigkeit von der Substratkonzentration eintreten, ohne daß ein allosterischer Mechanismus vorliegen muß. Die s-förmige Kennlinie käme dann so zustande, daß bei kleinen Substratkonzentrationen die Konformationsänderung zum aktiven Zustand hin geschwindigkeitsbegrenzend ist, während bei hohen Substratkonzentrationen die aktive Form mit dem Substrat schneller reagiert als sie sich wieder in die inaktive Form zurückverwandeln kann.

1.10.3. Der Flip-Flop-Mechanismus und die Erscheinung der Antikooperativität

Wie aus den vorhergehenden Abschnitten deutlich wurde, spielen die Wechselwirkungen zwischen den Untereinheiten eines oligomeren Enzyms für die Modulierung seiner Aktivität durch positive und negative Effektoren, sowie durch Veränderung der Substratkonzentration eine entscheidende Rolle. Ein *oligomeres Enzym* ist ein *kooperatives System*, in dem die Wechselwirkungen sowohl innerhalb der einzelnen Untereinheiten als auch zwischen ihnen von grundlegender Bedeutung für seine Wirkungsweise als Katalysator und Regulator des Stoffwechsels sind.

Nicht alle oligomeren Enzyme zeigen jedoch die Erscheinungen der Allosterie, in dem Sinne, wie sie in den vorangegangenen Abschnitten besprochen wurden. Ein beträchtlicher Teil von ihnen zeigt kinetisch das klassische MICHAELIS—MENTEN-Verhalten mit einer hyperbelförmigen Kennlinie. In solchen Fällen existieren zwischen den Untereinheiten des oligomeren Enzyms keine kinetisch in Erscheinung tretenden kooperativen Wechselwirkungen.

In einigen Fällen wurden bei oligomeren Enzymen, die aus *identischen Untereinheiten* bestehen und kinetisch ein MICHAELIS—MENTEN-Verhalten zeigen, *Wechselwirkungen besonderer Art* zwischen den Untereinheiten nachgewiesen.

Derartige Wechselwirkungen wurden durch folgende Erscheinungen deutlich: 1. trotz chemischer Identität der Untereinheiten verhalten sie sich funktionell als nichtidentisch (asymmetrisches Verhalten des oligomeren Enzymproteins), 2. viele von ihnen zeigen die sog. „Halbzentren-Reaktivität“ (engl. „half-of-the-sites reactivity“), d. h. unter bestimmten Bedingungen vermag nur die Hälfte der Untereinheiten mit den Substraten oder mit modifizierenden Agenzien zu reagieren, 3. bei chemischer Modifizierung von nur der Hälfte der anwesenden Untereinheiten (z. B. Modifizierung einer SH-Gruppe pro dimeres Enzym) wird das Enzym zu 100% inaktiviert.

Im Falle der alkalischen Phosphatase aus *E. coli*, die aus zwei identischen Untereinheiten besteht und für die ein Phosphorylenzym als Zwischenprodukt nachgewiesen wurde, erschwert die Phosphorylierung einer Untereinheit die Phosphorylierung der anderen („Antikooperativität“ oder „negative Kooperativität“). Auch im Falle der tetrameren Glycerinaldehyd-3-phosphat-dehydrogenase, die ebenfalls aus identischen Untereinheiten besteht, wurde nachgewiesen, daß die Bindung des ersten NAD^+-Moleküls an eine Untereinheit eine negative Kooperativität insofern erzeugt, als daß dadurch die Bindung des nächsten Coenzymmoleküls erschwert wird und sich dieser negative Effekt stufenweise fortsetzt.

Unter Zusammenfassung dieser Phänomene wurde das *Flip-Flop-Modell* (in Anlehnung an ein ähnliches Prinzip in der Computertechnik) entwickelt, das für die alkalische Phosphatase aus *E. coli* und offenbar für einige weitere Enzyme Gültigkeit hat. Es hat für ein dimeres Enzym, das nacheinander die Substratmoleküle S_1, S_2, S_3 umsetzt, folgende Grundzüge: in freier Form besteht Symmetrie im Enzym, d. h. die Untereinheiten sind funktionell identisch (F) (Abb. 30). In Schritt 1 wird bei nichtkovalenter Bindung eines Substratmoleküls S_1 eine Konformationsänderung in einer Untereinheit induziert (Übergang von F nach T). Die nichtkovalente Bindung zwischen T und S wird gestrichelt dargestellt. Die kovalente Bindung des Substrates erzeugt in Schritt 2 den nächsten Konformationszustand (R), dessen Existenz allein durch die kovalente Bindung des Substrates gewährleistet ist (dargestellt durch die durchgezogene Linie zwischen R und S_1). Nach erfolgter Bildung des F-R-Dimers, kann ein zweites Substratmolekül S_2 nichtkovalent gebunden werden (Schritt 3). Dem Schritt 3 folgt der Flip-Flop-Schritt (Schritt 4). Er besteht in einer Umwandlung des T-R-Moleküls in die R-T-Form, die sich beide spiegelbildlich zueinander verhalten. An die T-Untereinheit wird dabei das Substratmolekül S_2, in dem diese in die R-Form übergeht, kovalent gebunden und von der R-Form (aus Schritt 3 stammend) wird das Produkt P_1 abgegeben. Dabei „schnappt" diese in die T-Form um, die nun in der Lage ist, ein neues Substratmolekül S_3 nichtkovalent aufzunehmen. Der Schritt 4 kann als geschwindigkeitsbestimmender Schritt aufgefaßt werden.

Unter den Bedingungen des stationären Substratumsatzes wird lediglich der Flip-Flop-Schritt begangen, der in der wechselseitigen Abgabe des Produktes und der Aufnahme eines weiteren Substratmoleküls besteht (s. Schritt 5).

Die Grundlage des Flip-Flop-Mechanismus ist die unterschiedliche Affinität des Substrates und Produktes zu den beiden verschiedenen Konformationszuständen R und T der Untereinheiten, die infolge „antikooperativer" Wechselwirkungen jeweils „entgegengesetzte" Konformationszustände einnehmen.

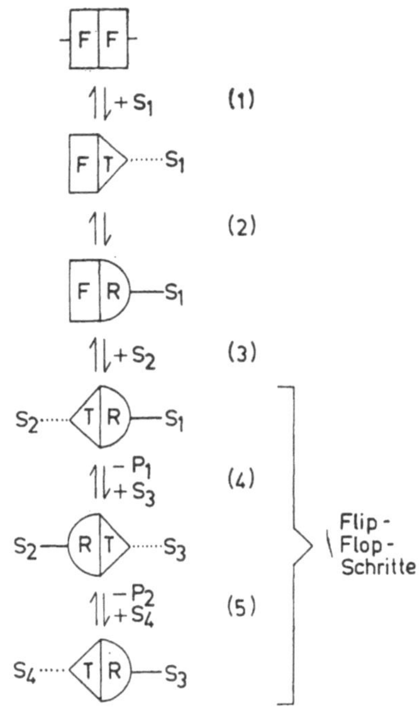

Abb. 30. Schema des Flip-Flop-Mechanismus nach LAZDUNSKI (Die Erläuterungen hierzu sind im Text enthalten)

1.11. Messung und quantitative Charakterisierung der Enzymaktivität

Man erkennt ein Enzym an seiner katalytischen Wirkung. Die wenigsten Enzyme kann man direkt durch chemische und optische Methoden nachweisen. Im allgemeinen wird die Menge (besser die „Aktivität") des Enzyms bestimmt, indem man die Geschwindigkeit der von ihm katalysierten Reaktion unter bestimmten Bedingungen mißt. Die Aktivität wird in „Enzymeinheiten" ausgedrückt. Eine Enzymeinheit ist die Menge eines Enzyms, die pro Minute 1 μ Mol (oder 1 μ Val) Substrat unter Standardbedingungen umsetzt. Entsprechend den verschiedenartigen Einflüssen, die Substratkonzentration, Coenzyme, Aktivatoren, Ionenstärke, Puffer, Temperatur und pH-Wert auf die Enzymaktivität haben, sollte man ständig bemüht sein, unter optimalen, vor allem aber reproduzierbaren Bedingungen zu arbeiten. Als Reaktionstemperatur werden 30 °C empfohlen. Da sich die Enzymaktivität in Abhängigkeit von der Zeit verändern kann (Substratmangel, Enzyminaktivierung, pH-Veränderung usw.), ist es notwendig, die Aktivitätseinheit auf die Anfangsgeschwindigkeit zu beziehen. Die Konzentration eines Enzyms wird in Einheiten pro ml angegeben. Zur Reinheitsangabe eines Enzyms ist die sog. spezifische Aktivität gebräuchlich. Sie wird ausgedrückt als Anzahl der Enzymeinheiten pro mg Eiweiß.

Bei vielen Enzymen ist es möglich, die Zahl der Mole umgesetzten Substrates pro Minute und Grammäquivalent des katalytischen Zentrums oder der Enzymwirkgruppe anzugeben. Nach Warburg bezeichnet man diese Größe als Wechselzahl. Sie ist ein wichtiger Ausdruck für die katalytische Aktivität eines Enzyms. In neuerer Zeit hat sich hierfür der Ausdruck „katalytische Zentrumsaktivität" eingebürgert.

In Fällen, in denen das Enzym in reiner Form vorliegt und das Molgewicht bekannt ist, ist es möglich, die „molekulare Aktivität“ anzugeben. Man versteht darunter die Zahl der Enzymeinheiten pro μ Mol Enzym unter optimalen Bedingungen. Die Zahl ist numerisch gleich der Anzahl der Substratmoleküle, die von einem Molekül Enzym in einer Minute maximal umgesetzt werden.

Auf Grund einer Empfehlung der Internationalen Enzymkomission (1972) sollte als neue Einheit der Enzymaktivität das „katal“ (Abkürzung kat) gelten. Es ist die Aktivitätsmenge eines Enzyms, die in der Sekunde ein Mol Substrat umsetzt.

1.12. Nomenklatur und Einteilung der Enzyme

Es ist nötig, in die große Vielfalt der Enzymwirkungen und Enzymmechanismen gewisse systematisierende Prinzipien einzuführen.

Diese Forderung wurde um so stärker, je mehr Enzyme entdeckt und gereinigt und je mehr Reaktionsmechanismen aufgeklärt werden konnten. Die Enzyme können in 6 Klassen unterteilt werden: 1. Oxidoreduktasen, 2. Transferasen, 3. Hydrolasen, 4. Lyasen, 5. Isomerasen, 6. Ligasen (Synthetasen).

Als allgemeine Prinzipien der Enzym-Nomenklatur gelten:

a) Die Endung „-ase“ wird nur für einfache Enzyme benutzt. Multienzyme werden mit dem Ausdruck „System“ belegt (z. B. Pyruvatdehydrogenase-System).

b) Der Reaktionsmechanismus wird im Namen zum Ausdruck gebracht, ebenso die Natur der Substrate bzw. der Coenzyme. Im Falle von reversiblen Reaktionen wird nur eine Richtung und diese übereinstimmend in der ganzen Klasse angegeben.

Neben den systematischen Namen der Enzym-Klassifikation (EC-Nomenklatur) werden die Trivialnamen der Enzyme auch weiterhin, vor allem im täglichen Umgang, gebraucht.

Beispiele:

a) Trivialname: Lactatdehydrogenase.
Systematische Nomenklatur: L-Lactat-NAD^+-Oxidoreduktase (EC 1.1.1.27).
b) Trivialname: Hexokinase.
Systematische Nomenklatur: ATP:D-Hexose-6-phosphotransferase (EC 2.7.1.1).

Die Zahlen in Klammern geben die Nummern der betreffenden Enzyme in der Internationalen Enzym-Klassifikation wieder.

Es ist sehr zu begrüßen, daß durch die Enzymkommission der Internationalen Union für Biochemie seit dem Jahre 1961 eine Systematik und eine Standardisierung in die Vielfalt der Enzyme gebracht wurde. Im folgenden sollen einige Erläuterungen zu den Einteilungsprinzipien gegeben werden.

1. *Oxidoreduktasen*: Diese Enzyme katalysieren Redoxprozesse. Sie sind durch eine große Vielfalt ausgezeichnet. Hierher gehören Enzyme, die NAD^+ oder $NADP^+$, aber auch Sauerstoff und Cytochrome als Acceptoren haben. Ihre Trivialnamen sind: Dehydrogenasen, Oxidasen, Reduktasen, Transhydrogenasen, Hydroxylasen.

2. *Transferasen*: In diese Klasse gehören diejenigen Enzyme, die Gruppenübertragungen katalysieren, z. B.: methyl-, carboxyl-, acyl-, glykosyl-, amino- und phosphatübertragende Enzyme. Gruppenübertragungen spielen im Intermediärstoffwechsel eine sehr große Rolle.

3. *Hydrolasen*: Die durch diese Enzyme katalysierten hydrolytischen Reaktionen greifen u. a. Ester-, Glykosyl-, Peptid- und Säureanhydridbindungen an. Mit Trivialnamen heißen sie Esterasen (z. B. Lipasen), Glykosidasen (z. B. Invertase), Peptidasen (z. B. Trypsin oder Carboxypeptidasen) und Phosphatasen.

4. *Lyasen*: Diese Enzyme spalten Substrate nichthydrolytisch. Als Bindungen kommen in Frage: C—C (z. B. Aldolase, Decarboxylase), C—O (z. B. Fumarase,

Aconitase), C—N (argininosuccinatspaltendes Enzym) usw.

5. *Isomerasen*: Zu dieser Gruppe rechnet man Racemasen und Epimerasen (z. B. UDP-Glucosid-Epimerase) und intramolekulare Oxidoreduktasen (z. B. Glucose-6-phosphat-Isomerase).

6. *Ligasen*: Diese Enzyme katalysieren die Zusammenlagerung von zwei Substratmolekülen unter Verbrauch von ATP oder anderen Nucleosidtriphosphaten. Hierher gehören aminosäureaktivierende Enzyme, fettsäureaktivierende Enzyme, die Propionyl-CoA-Carboxylase u. a.

1.13. Spezifität der Enzyme

Die hohe Spezifität der Enzyme ist eine der wichtigsten Voraussetzungen für den geordneten Ablauf der Lebensvorgänge. Man unterscheidet absolute, relative und sterische Substratspezifität.

Das klassische Beispiel eines absolut spezifischen Enzyms ist die Urease. Es sind Hunderte von Harnstoffderivaten untersucht worden, die nicht durch Urease gespalten werden.

Eine relative Spezifität findet man bei vielen Dehydrogenasen, Esterasen, Glykosidasen, Peptidasen. Sie ist dadurch gekennzeichnet, daß substratverwandte oder substratanaloge Verbindungen, häufig mit geringerer, in Einzelfällen auch mit höherer Geschwindigkeit als das

Tabelle 1

Substrat	relative Aktivität
Äthanol	135
n-Propanol	146
n-Butanol	215
3-Hexanol	35
Methanol	0
tert. Butanol	0

natürliche Substrat, angegriffen werden. Ein Beispiel dieser Art ist die Leber-Alkoholdehydrogenase (Tabelle 1).

Die sterische Spezifität kommt dadurch zum Ausdruck, daß viele Enzyme nur auf eines von zwei optischen Isomeren wirken. Diese Spezifität ist häufig absolut, obwohl innerhalb der L- oder D-Reihen relative Spezifitäten existieren können. Beispiele sind L- und D-Lactatdehydrogenasen sowie D- und L-Aminosäureoxidasen.

Von der Substratspezifität ist die Wirkungs- oder Reaktionsspezifität zu unterscheiden. Hier gibt es mannigfaltige Möglichkeiten. Von Enzymen mit einer hohen Wirkungsspezifität (z. B. manche Dehydrogenasen) sind solche mit verschiedenartigen Wirkungen zu unterscheiden. Die D-Glycerinaldehyd-3-phosphat-Dehydrogenase katalysiert z. B. sechs verschiedene Reaktionen, von denen die vorherrschende die oxidative Phosphorylierung des D-Glycerinaldehyd-3-phosphates zum Glycerinsäure-1,3-diphosphat ist (s. Teil III).

In dem Maße, wie sich die Kenntnis des Mechanismus von Enzymen vertieft, wandeln sich die Vorstellungen über die Reaktionsspezifität eines Enzyms und führen zu Verallgemeinerungen, die uns das Wesen der Enzymreaktionen verständlicher machen.

1.14. Isolierung der Enzyme

Voraussetzung für die genaue Kennzeichnung eines Enzyms ist seine Isolierung und Reindarstellung. Die Krönung einer Enzymreinigung ist seine Kristallisation. In jedem Fall sind bestimmte Reinheitskriterien, die durch die Methoden der Ultrazentrifugierung, Chromatographie und Elektrophorese zu erhalten sind, Voraussetzungen für die Charakterisierung eines Enzyms und die Untersuchung seines Feinmechanismus. Grundsätzliche Methoden zur Darstellung eines Enzyms sind: Aufschluß der Zellen bzw. des Gewebes und Herstellung eines Homogenates, Herstellung eines Extraktes und Fraktionierung der in ihm gelösten Enzymproteine. Hierfür stehen die Methoden der Fällung durch Neutralsalze, organische Lösungsmittel und zwischengeschaltete Einengungs- und Dialyseschritte zur Verfügung. Diese werden häufig mit chromatographischen Methoden (Adsorptions-, Ionenaustauschchromatographie sowie Gelfiltration), die im präparativen Maßstab durchgeführt werden können, kombiniert. Als Leitgrößen bei Enzymreinigungen dienen auf den einzelnen Stufen: Gesamtaktivität und spezifische Aktivität. Die erste Größe gibt Aufschluß über die Höhe der Ausbeute, die zweite Größe über die erzielte Reinigung.

1.15. Industrielle Anwendung von Enzymen

Enzyme werden heute in großem Umfang im industriellen Maßstab hergestellt und in vielen Bereichen des täglichen Lebens gebraucht. Neben ihrer Anwendung in der Medizin haben sie Bedeutung in der Textilindustrie, der Papierherstellung, der Tierernährung und der Lebensmittelindustrie erlangt. Solche Enzyme sind Amylasen, Proteasen, Lipasen, Pektinasen, Katalase, Zellulase, Glucoseoxydase und Gärungsenzyme. Schätzungsweise gibt es in der Welt gegenwärtig etwa 1000 Enzympräparate, die in mehr oder weniger reiner Form industriell produziert und in den genannten Bereichen verwendet werden.

Die rohrzuckerspaltende Invertase (β-Fructosidase) findet Anwendung in der Lebensmittelindustrie, da ihr Produkt, der Invertzucker, süßer als Rohrzucker ist und erst bei viel höheren Konzentrationen auskristallisiert als Glucose oder Saccharose. Andere kohlenhydratspaltende Enzyme, α, β- und Gluco-Amylase werden in der Brau- und Spiritusindustrie, der Traubenzucker- und Dextrinherstellung aus Stärke, in der Speiseeisbereitung usw. verwendet. Proteolytische Enzyme werden für pharmazeutische und therapeutische Zwecke (exogene Zufuhr von Verdauungsproteasen zur Unterstützung der

Tätigkeit des Magen-Darm-Traktes), in der Milch- und Käseindustrie, in der Textilindustrie, für Reinigungszwecke u. a. gebraucht. Die aus *Aspergillus niger* gewonnene Glucoseoxidase wird außer zur Glucosebestimmung im klinisch-chemischen Laboratorium zur Entfernung von Sauerstoff aus Konserven und Citrusgetränken oder zur Entfernung von Glucose aus Nahrungsmitteln (Eipulver), verwendet. Auf diese Weise werden Farbe und Geschmack der konservierten Lebensmittel für längere Zeit erhalten und u. a. das Wachstum aerober Mikroorganismen verzögert. Diese Liste könnte noch weiter fortgesetzt werden. Es ist abzusehen, daß auch in der chemischen Technik Enzyme in steigendem Maße als selektiv wirkende Katalysatoren für Spaltungs- und Syntheseprozesse Verwendung finden werden. Nach der Klärung grundsätzlicher Fragen ihres Wirkungsmechanismus wird es vielleicht auch möglich sein, niedrigmolekulare, stabile Peptidkatalysatoren in der chemischen Industrie einzusetzen.

Bisher steht der Anwendung von Enzymen in der chemischen Industrie ihre hohe Empfindlichkeit gegen extreme Temperatur-, pH- und andere Milieu-Bedingungen entgegen. In der Überwindung dieses Nachteils wurden in neuerer Zeit wichtige Fortschritte erzielt, als es gelang, Enzyme in aktiver Form an Festkörper entweder durch Adsorption oder durch Ionen- bzw. kovalente Bindungen zu fixieren. Allgemein konnte beobachtet werden, daß sich die Stabilität der Enzyme, die an Cellulose, Austauschharze, Polystyrol u. a. gebunden wurden, gegenüber den obengenannten Einflüssen wesentlich erhöhte. In solchen Enzymen erfolgt die Oxidation von SH-Gruppen wesentlich langsamer als in ihren freien Formen. Proteolytische Enzyme werden infolge der räumlichen Trennung ihrer Moleküle vor Selbstverdauung geschützt. In Abhängigkeit von der Natur der Trägermatrix kann es zu Veränderungen der kinetischen Parameter (z. B. K_M) kommen. Wenn diese ungeladen ist, wird K_M im allgemeinen nicht beeinflußt; größere Effekte auf K_M

findet man, wenn Matrix und Substrat geladen sind. Erhöhungen von K_M treten bei gleichartiger Ladung und Erniedrigungen bei entgegengesetzer Ladung von Substrat und Träger auf. Durch Hintereinanderschaltung verschiedener fixierter Enzyme, z. B. durch Übereinanderschichten in einem Gelbett oder einer entsprechenden Anordnung an Filterpapierbögen fixierter Enzyme lassen sich Multienzym-Reaktoren herstellen, die Mehrschrittreaktionen katalysieren können. Es ist sehr wahrscheinlich, daß derartige Reaktionssysteme in absehbarer Zeit nicht nur im Labormaßstab, sondern auch in der chemischen Industrie mit Erfolg eingesetzt werden können.

1.16. Klinische Bedeutung der Enzyme

Eine große Rolle spielt heute die Bestimmung von Enzymaktivitäten im Serum im Rahmen der klinischen Diagnostik vieler Erkrankungen (Herzinfarkt, Hepatitis, Muskeldystrophie, Pankreatitis, Prostataerkrankungen, Tumoren usw.). Auch haben viele Enzyme als hochspezifische Reagenzien Eingang in das biochemische Laboratorium gefunden. Mit Hilfe des sogenannten optischen Testes nach Warburg lassen sich unter Verwendung von Einzelenzymen oder Enzymgemischen Substanzen wie Glucose, ATP, ADP, AMP, Lactat, Pyruvat usw. in spezifischer Weise bestimmen. Die angeborenen Stoffwechseldefekte lassen sich auf das Fehlen eines oder mehrerer Enzyme zurückführen. In neuerer Zeit gewinnen Enzyme auch als Therapeutika im Rahmen der Enzymsubstitution beim Menschen an Bedeutung.

1.17. Enzyme und Zellphysiologie

Enzyme sind in den Zellen und Geweben nicht gleichmäßig verteilt. Jedes Gewebe ist durch ein bestimmtes „Enzymprofil“ gekennzeichnet. So weist die Leber hinsichtlich des Vorkommens vieler Enzyme und deren Aktivität ein anderes Muster auf als die Muskulatur. In jedem Fall findet man einen hohen Grad der Anpassung des Enzymprofils an die jeweilige biologische Funktion des betreffenden Gewebes bzw. Organes. Auch auf dem Niveau einer Zelle gibt es charakteristische und häufig allgemeingültige Verteilungen und Lokalisationen. An den äußeren Zellmembranen kennt man Exo- und Endoenzyme, je nachdem, in welcher Richtung (von der Zellmembran aus gesehen) ihre Hauptwirksamkeit erfolgt. Innerhalb der Zellen gibt es partikelgebundene Enzyme und solche, die in der cytoplasmatischen Flüssigkeit gelöst sind.

Eine Zelle braucht in ihrem Leben nicht immer die gleiche Enzymausstattung zu haben. Neben sogenannten konstitutiven Enzymen gibt es induzierbare und reprimierbare Enzyme, deren Synthese unter dem Einfluß von Milieufaktoren (Induktoren und Repressoren) in Verbindung mit genetischen Eigenschaften steht. Auch im Verlauf des biologischen Alterns von Zellen treten charakteristische Veränderungen in ihrer Enzymausstattung ein.

Bei ein und demselben Enzym gibt es häufig in einem Organ multiple Formen, die sich in molekularen Parametern (Aminosäuresequenz, Substrataffinität, molekulare Aktivität, isoelektrischer Punkt usw.) unterscheiden. Man spricht dann von Isoenzymen, wenn solche Formen genetisch fixierte Unterschiede in ihrer Primärstruktur aufweisen.

Bei der Lactatdehydrogenase wurden die Isoenzyme ausführlich studiert. Dieses tetramere Enzym kann aus identischen oder nichtidentischen Untereinheiten aufgebaut sein. Es wurden fünf Isoenzyme der Lactatdehydrogenase (LD_1 bis LD_5) gefunden. Sie kommen in unterschiedlicher Menge in den einzelnen Organen vor und besitzen zwei verschiedene, von getrennten Genen synthetisierte Untereinheiten. LD_1 kommt vorwiegend im Herzmuskel vor, sie besitzt vier identische Untereinheiten des Typs B;

LD_5 ist nahezu ausschließlich in der Skelettmuskulatur lokalisiert, sie enthält vier identische Untereinheiten des Typs A. LD_2, LD_3 und LD_4 sind hybride tetramere Formen, die aus den Untereinheiten A und B in unterschiedlichen Verhältnissen aufgebaut sind (AB_3, A_2B_2, A_3B).

Die einzelnen Organe weisen spezifische Profile in diesen LDH-Isoenzymen auf. Ihre Verteilung hat große Bedeutung für die klinische Enzymologie sowie für Evolution und Taxonomie.

Neben diesen LDH-Isoenzymen gibt es eine weitere Lactatdehydrogenase, die im Hoden und den Spermatozoen vorkommen. Sie wird als LDH_x bezeichnet.

Auch andere Enzyme kommen in Form von Isoenzymen vor (Malatdehydrogenase, Isocitronensäuredehydrogenase, Transaminase, Glucose-6-phosphat-Dehydrogenase u. a.). Interessant ist, daß manche von ihnen auf unterschiedliche Zellräume verteilt sein können. So unterscheidet man eine mitochondriale von einer cytoplasmatischen Malatdehydrogenase.

Von zellphysiologisch großer Bedeutung ist das Vorkommen multipler, ineinander umwandelbarer Formen von Enzymen, die sich in wichtigen Eigenschaften (katalytische Aktivität, Substrataffinität, Empfindlichkeit gegenüber Effektoren) voneinander unterscheiden (s. hierzu Abschnitt 1.8.2.). Das klassische Beispiel ist die Phosphorylase mit ihren beiden Formen a und b (s. Teil III).

2. Thermodynamische Aspekte biochemischer Systeme

Die Aufgabe der sog. biochemischen Thermodynamik besteht in der Anwendung thermodynamischer Gesetzmäßigkeiten auf die Prozesse des Stoffwechsels lebender Systeme. Ihre Bedeutung liegt in der Verknüpfung der Gesetze der Stoffumwandlungen im Zwischenstoffwechsel mit energetischen Parametern. Die thermodynamischen Gesetze vermögen Aussagen über „Energiegewinn“ und „Energieabgabe“ sowie über die Eigenschaften von Gleichgewichtszuständen biochemischer Reaktionen zu machen.

Auf Grund der Tatsache, daß jeder biologischen Leistung Stoffwechselreaktionen, also biochemische Umsetzungen zugrunde liegen, kommt der Anwendung der Thermodynamik auf lebende Systeme eine große Bedeutung zu.

Für die quantitative Beschreibung der in der Natur ablaufenden Gesetzmäßigkeiten bedient sich die Thermodynamik charakterischer Größen, die ausschließlich vom Zustand des betrachteten Systems abhängen.

Man bezeichnet diese Größen als Zustandsfunktionen, die durch die Zustandsvariablen Druck, Volumen und Temperatur festgelegt werden.

2.1. Erster Hauptsatz der Thermodynamik

Der erste Hauptsatz der Thermodynamik sagt aus, daß die Summe aller Wärme- und Arbeitsmengen, die ein System mit seiner Umgebung austauscht, gleich ist der Änderung der inneren Energie des Systems. Er ist der Satz von der Erhaltung der Energie. Zu seinen wesentlichen Aussagen gehört, daß die verschiedenen Energieformen (Wärme, Arbeit, elektrische Energie usw.) einander äquivalent sind. Die Kalorie ist demzufolge ein Energiemaß, das in jedes andere Energiemaß (Meterkilogramm, Elektronenvolt, Wattsekunde usw.) umgerechnet werden kann.

Zur quantitativen Formulierung dieses Hauptsatzes betrachten wir einen mit Gas gefüllten Körper als unser System. Dieses System ist durch die Zustandsfunktion U (innere Energie) gekennzeichnet. U ist eine Funktion des Volumens V, des Druckes p und der Temperatur T.

Durch Zufuhr von Wärme und Arbeit ändern wir die innere Energie von U_1 nach U_2. Hierfür gilt:

$$U_2 - U_1 = Q + A$$
$$\Delta U = Q + A \qquad (1)$$

A = zugeführte Arbeit
Q = zugeführte Wärmemenge

Die Summe aus Wärme und Arbeit, die in das System hineingesteckt wurde, entspricht der Änderung der inneren Energie. Wenn nun das Gas auf beliebige Weise vom Zustand U_2 in den Zustand U_1 zurückkehrt (z. B. Entspannung des Gases), muß erneut die Beziehung gelten:

$$U_1 - U_2 = -\Delta U = -(Q + A). \qquad (2)$$

(Die abgegebenen Energiemengen werden mit negativem, die hinzugefügten Beträge mit positivem Vorzeichen bezeichnet.) Dabei kann der Weg, auf dem das Gas vom Zustand U_2 in den Zustand U_1 gelangt, beliebig gewählt werden. Daraus folgt: Bei Beschreibung eines Kreisprozesses ist die Änderung der inneren Energie Null.

$$\circlearrowleft\sum \Delta U = 0 \qquad (3)$$

Die innere Energie ist eine Zustandsfunktion und damit wegunabhängig. Im Gegensatz dazu sind Q und A wegabhängige Größen, da das Verhältnis von A und Q für die Hin- und Rückreaktion in Abhängigkeit von den jeweils eingeschlagenen Wegen unterschiedlich sein kann.

Biochemische Reaktionen laufen vorwiegend in Lösungen ab. Das bedeutet, daß Reaktionen, mit denen wir es zu tun haben, vorwiegend bei *konstantem Druck* vor sich gehen, so daß von den Zustandsvariablen das Volumen und die Temperatur in den Vordergrund rücken.

Die mit der Umgebung von einem System bei einer Zustandsänderung unter konstantem Druck ausgetauschte Wärmemenge wird als *Enthalpie* bezeichnet. Unter der

Reaktionsenthalpie wird die Wärmemenge verstanden, die beim Ablauf einer chemischen Reaktion unter konstantem Druck je Formelumsatz freigesetzt oder verbraucht wird. Sie wird auch als Wärmetönung bezeichnet und erhält dann ein positives Vorzeichen, wenn Reaktionswärme entsteht bzw. abgegeben wird (exotherme Reaktion) und dann ein negatives, wenn Reaktionswärme aufgenommen bzw. verbraucht wird (endotherme Reaktion).

Bei chemischen Reaktionen mißt man die *Enthalpieänderung* ΔH, die sich aus den Enthalpieinhalten der Ausgangsstoffe und der Endprodukte ergibt.

$$\Delta H = \sum \Delta H_{(\text{Endprodukte})} - \sum \Delta H_{(\text{Ausgangsstoffe})} \tag{4}$$

Beispiel: Berechnung der Enthalpieänderung bei der Verbrennung von Glucose.

$$C_6H_{12}O_{6\,\text{fest}} + 6\,O_{2\,\text{Gas}} \rightarrow 6\,CO_{2\,\text{Gas}} + 6\,H_2O_{\text{flüss.}}$$

$\Delta H_B{}^0$ [kcal/Mol]:

$$-304{,}6 + 0 = 6 \cdot (-94{,}5) + 6 \cdot (-68{,}4)$$

$\Delta H_B{}^0$ = Molare Bildungsenthalpie, unter Standardbedingungen ($T = 298°K$, $p = 1$ atm) gemessen

$$\begin{aligned}\Delta H^\circ &= (-94{,}5 \cdot 6) + (-68{,}4 \cdot 6) - (-304{,}6 + 0)\\ &= -673 \text{ kcal/Mol Umsatz}\end{aligned}$$

Die Bestimmung der Reaktionsenthalpie der Glucoseverbrennung im Kalorimeter würde ebenfalls −673 kcal pro Mol ergeben.

An dieser Stelle sei vermerkt, daß die absoluten Werte von U und H für thermodynamische Überlegungen uninteressant und in den meisten Fällen nicht bekannt sind, da ja nur *Differenzen* zwischen zwei Zuständen gemessen werden können. Man setzt die Enthalpien der Elemente definitionsgemäß gleich Null.

2.2. *Zweiter Hauptsatz der Thermodynamik*

Auf Grund des 1. Hauptsatzes ist eine Zustandsänderung von A nach B gleichwertig mit der von B nach A. Der erste Hauptsatz macht also keine Aussage über die Richtung der Zustandsänderung. Mit Hilfe des 2. Hauptsatzes ist es möglich, über die Richtung der Zustandsänderungen nähere Angaben zu machen. Der *2. Hauptsatz* befaßt sich mit dem Prinzip der *beschränkten Umwandelbarkeit* von *Wärme in Arbeit*. Würden Arbeit und Wärme in der Natur unbeschränkt ineinander umwandelbar sein, dann gäbe es keine einseitig ablaufenden Prozesse, und man könnte Systeme konstruieren, die periodisch unter Abkühlung Arbeit leisten.

Die Beobachtungen in der Natur zeigen jedoch, daß *sämtliche von selbst* ablaufenden *Vorgänge* (chemische oder physikalische Reaktionen) *irreversibel* sind, d. h. einseitig mit einer bestimmten Richtung verlaufen. Wollte man den Ausgangszustand mittels eines Kreisprozesses wieder erreichen, so bedürfte es zusätzlicher, von außen zugeführter Arbeit. Alle in der Natur spontan ablaufenden Vorgänge sind „irreversible" Prozesse.

Die universelle Einseitigkeit des Naturgeschehens wirft nun die Frage auf, ob es eine Zustandsfunktion gibt, die eine Aussage über die Richtung des Ablaufes macht und deren Änderung als Maß für die Irreversibilität dienen kann.

Für die quantitative Beschreibung dieser Zustandsfunktion wurde der thermodynamische Begriff der *Entropie* S eingeführt. Sie ist wie folgt definiert:

$$S = \frac{Q_{\text{rev}}}{T} \left[\frac{\text{cal}}{{}^\circ\text{C}}\right] \tag{5}$$

Q_{rev} ist dabei die bei reversibler Reaktionsführung zugeführte Wärme und T die absolute Temperatur.

Der 2. Hauptsatz sagt aus, 1. daß in einem abgeschlossenen System bei von selbst ablaufenden, d. h. irreversiblen Vorgängen eine Entropiezunahme auftritt ($\Delta S_{irr.} > 0$), 2. daß Zustandsänderungen nur so lange vor sich gehen können, wie die Entropie noch zunehmen kann, 3. daß die Entropie einem Maximum zustrebt und im Gleichgewicht dieses erreicht hat, und 4. daß im Zustand des Gleichgewichtes die Entropieänderungen gleich Null sind.

Nach Gleichung (5) lassen sich Entropieänderungen aus den Wärmemengen berechnen, die zwischen einem System und seiner Umgebung bei reversibler und isothermer Führung der Zustandsänderung ausgetauscht werden. Die Entropiewerte können sowohl positiv als auch negativ sein.

Wenn man die *Entropie* als Maß für die „Unordnung" in einem System betrachtet, so bedeutet eine Zunahme der Entropie (positives Vorzeichen) eine Vergrößerung der Unordnung, eine Abnahme der Entropie (negatives) Vorzeichen) eine Abnahme der Unordnung bzw. eine Zunahme der Ordnung. Gase haben einen höheren Entropiegehalt als Flüssigkeiten, da sie mehr Freiheitsgrade haben als diese, dasselbe gilt für den Vergleich zwischen niedrigmolekularen Verbindungen und Makromolekülen oder den zwischen einem Makromolekül im Zustand des statistischen Knäuels und im geordneten Zustand.

2.2.1. Freie Energie und freie Enthalpie

Bei Verknüpfung des 1. und 2. Hauptsatzes gewinnt man zwei neue Zustandsfunktionen. Sie werden mit F (*freie Energie*) bzw. G (*freie Enthalpie*) bezeichnet. Bei Zustandsänderung eines Systems entsprechen die Änderungen von F und G bei reversibler Prozeßführung der Arbeit, die dabei günstigstenfalls aufgewandt werden muß oder gewonnen wird. Auf Grund des 1. Hauptsatzes gilt:

$$\Delta U = \Delta Q_{rev} + \Delta A_{rev}. \tag{6}$$

Aus Gleichung (5) folgt:

$$\frac{\Delta Q_{\text{rev}}}{T} = \Delta S. \tag{7}$$

Durch Vereinigung von Gleichung (6) und (7) kann geschrieben werden:

$$\Delta A_{\text{rev}} = \Delta F = \Delta U - T\,\Delta S. \tag{8}$$

Die *freie Enthalpie G* ist die Arbeit, die bei isobarer Reaktionsführung aufgewandt oder gewonnen wird. Bei derartigen Reaktionen können wir vereinfachend ΔU in Gleichung (8) durch ΔH ersetzen und erhalten dadurch Gleichung (9).

$$\Delta G = \Delta H - T\,\Delta S. \tag{9}$$

Für uns ist, wie auf S. 106 ausgeführt wurde, die freie Enthalpie G bzw. die bei chemischen Umsetzungen eintretende Änderung der freien Enthalpie ΔG die wichtigere Größe, da sie für Reaktionen, die bei konstantem Druck (also z. B. in Lösungen) ablaufen, gültig ist. Bei *isotherm-isobaren reversiblen Prozessen* ist die *Nutzarbeit*, die zu ihrem Ablauf aufgewandt werden muß oder dabei gewonnen wird, gleich der *Änderung der freien Enthalpie*.

Die freie Enthalpie ist für das grundsätzliche Verständnis vieler Eigenschaften chemischer Reaktionen sehr bedeutsam.

ΔG ist ein Maß für die *Triebkraft* einer chemischen Reaktion. Durch das Vorzeichen von ΔG wird die Richtung definiert, nach der ein solcher Vorgang von allein ablaufen kann. Ist ΔG negativ, verläuft die Reaktion spontan unter Abgabe von Energie in Form von nutzbarer Arbeit (*exergoner Prozeß*). Ist ΔG positiv, kann die Zustandsänderung nur unter Aufwand von Arbeit (*endergoner Prozeß*) erfolgen. Exergone Prozesse können in Abhängigkeit vom Vorzeichen des Entropietermes sowohl exotherm (negatives ΔH) als auch endotherm sein (positives ΔH). Bei exergonen Prozessen mit positivem ΔH hat die Entropieänderung immer einen positiven Wert (s. Gleichung 9).

Die Änderung der freien Enthalpie ΔG ist ein quantitatives Maß der Energie, die günstigstenfalls als nutzbringende Arbeit bei einer chemischen Reaktion gewonnen werden kann. Ihre Dimension ist kcal/Mol.

Durch die Gleichung (9) können bei bekannter Enthalpie (experimentell ermittelt durch Messung der Wärmetönung im Kalorimeter) und freier Enthalpie (z. B. berechnet aus der Gleichgewichtskonstanten, s. nächstes Kapitel) Entropieänderungen berechnet werden.

Im folgenden sind einige Beispiele aufgeführt, die die Darlegungen in den vorhergehenden Abschnitten erläutern sollen.

Alle Berechnungen beziehen sich auf molare Bildungsenthalpien und Entropien unter Standardbedingungen, nämlich auf 1 Mol Stoffumsatz, 298 °K und 1 atm.

1. Beispiel. Die Verbrennungswärme für Glucose beträgt $\Delta H^0 = -673$ kcal/Mol. Die Änderung der Entropie bei einem Mol Stoffumsatz läßt sich aus den Einzelentropiewerten errechnen:

$$C_6H_{12}O_6 + 6\,O_2 \rightarrow 6\,CO_2 + 6\,H_2O$$

$$S_1^0\ (\text{cal/°C}):\ 50{,}7 + 6 \cdot 49{,}03; \qquad S_2^0:\ 6 \cdot 51{,}9 + 6 \cdot 16{,}9$$

$$S_2^0 - S_1^0 = \Delta S = +63{,}06\ \text{cal/°C} \cdot \text{Mol}$$

$$\Delta G^0 = -673 - 298 \cdot 0{,}063 = -692\ \text{kcal/Mol}.$$

Die Änderung der freien Enthalpie ist zahlenmäßig größer als die Wärmemenge ΔH, die durch die Verbrennung im Kalorimeter gewonnen wird. Nimmt nämlich die Entropie zu (positives ΔS), wird bei reversibel und isotherm durchgeführter Zustandsänderung aus der Umgebung Wärme aufgenommen, die die Arbeitsfähigkeit des Systems steigert. Dies ist ein typisches Beispiel für eine große Anzahl biochemischer Reaktionen.

2. Beispiel. Oxidation von Essigsäure:

$$CH_3COOH + 2O_2 \rightarrow 2CO_2 + 2H_2O$$

$$S^0 \text{ (cal/°C)}: \ 38 + 98{,}06; \ 102{,}16 + 33{,}8$$

$$\Delta S^0 = -0{,}1 \text{ cal/°C} \cdot \text{Mol};$$

daher ist

$$\Delta S^0 \cong \Delta H^0$$

3. Beispiel. Knallgasreaktion

$$H_{2(g)} + \frac{1}{2} O_{2(g)} \rightarrow H_2O_{(fl)}$$

$$\Delta H^0 = -68 \text{ kcal/Mol}$$

$$S^0 = 31 + 24{,}5; \ 16{,}8$$

$$\Delta S^0 = -38{,}7 \text{ cal/°C} \cdot \text{Mol}.$$

Die Abnahme der Entropie bei der Knallgasreaktion wird dadurch verursacht, daß sich aus zwei Gasen eine Flüssigkeit mit einer geringeren Zahl von Freiheitsgraden als die Ausgangssubstanzen bildet. Aus beiden Größen errechnet sich das ΔG der Knallgasreaktion zu $-56{,}5$ kcal/Mol.

2.2.2. Die Konzentrationsabhängigkeit der freien Enthalpie

Die *Änderung der freien Enthalpie* bei einer chemischen Reaktion wird durch die *Konzentration* der an der Reaktion teilnehmenden Stoffe beeinflußt. Die Abhängigkeit ist wie folgt definiert:

$$\Delta G = -\left(RT \ln \frac{\gamma \cdot \delta}{\alpha \cdot \beta} + RT \ln \frac{a \cdot b}{c \cdot d}\right) \qquad (10)$$

dabei bedeuten:

R = Gaskonstante = 1,98 cal/Grad · Mol
T = absolute Temperatur °K

$\alpha, \beta, \gamma, \delta$ = Konzentrationen (Mol/l) der an der Reaktion teilnehmenden Stoffe A, B, C, D im chemischen Gleichgewicht, und

a, b, c, d = Ausgangskonzentrationen der Stoffe A, B, C, D. Da das Verhältnis der Ausgangs- und Endprodukte im Gleichgewichtszustand durch die Gleichgewichtskonstante definiert ist, kann man die Gleichung umformen:

$$\Delta G = -\left(RT \ln K + RT \ln \frac{a \cdot b}{c \cdot d}\right) \tag{11}$$

(K = Gleichgewichtskonstante der Reaktion)
oder

$$\Delta G = -RT (\ln K - \ln x) \tag{11a}$$

$\left(x = \text{Verhältnis der Konzentrationen } \frac{c \cdot d}{a \cdot b}\right)$

Hat x den Wert 1 (gleiche molare Ausgangs- und Endkonzentration), dann gilt für den Formelumsatz

$$\Delta G = -RT \ln K \tag{12}$$

oder für 25°C

$$\Delta G^0 = -RT' \ln K. \tag{12a}$$

Durch die *Gleichung* (*12*) sind zwei wichtige Parameter chemischer Reaktionen miteinander verknüpft, nämlich die *freie Enthalpie* und die *Gleichgewichtskonstante*

ΔG^0 ist die Änderung der freien Enthalpie unter Standardbedingungen pro Mol Umsatz. Man bezeichnet diese Größe auch als *Grundreaktionsarbeit*. $\Delta G'$ einer Reaktion wird also bestimmt durch die *Grundreaktions-*

enthalpie ΔG^0 und einer *Restreaktionsenthalpie*:

$$\Delta G' = \Delta G^0 + RT' \ln x. \tag{13}$$

Ist das Verhältnis der Konzentration zu Beginn der Reaktion $\frac{c \cdot d}{a \cdot b}$ gleich dem Verhältnis der Konzentrationen im Gleichgewichtszustand, ergibt sich für ΔG der Zahlenwert 0.

$$\Delta G = -(RT \ln K - RT \ln K) = 0, \tag{14}$$

d. h. im Gleichgewichtszustand ist die Änderung der freien Enthalpie 0; derartige Systeme sind nicht in der Lage, Arbeit zu leisten.

Die Bedeutung der Beziehung zwischen ΔG und der Gleichgewichtskonstanten (Gleichung (12)) liegt darin, daß man bei Kenntnis der Gleichgewichtskonstanten freie Enthalpiewerte berechnen kann und umgekehrt.

An Hand eines Zahlenbeispiels soll die *Konzentrationsabhängigkeit* der *freien Enthalpie* demonstriert werden.

Für die Hydrolyse von ATP beträgt ΔG^0 (Grundreaktionsenthalpie bei pH 7) $-7{,}8$ kcal/Mol. Bei einem ATP/ADP-Verhältnis von 100:1 und einer HPO_4^{2-}-Konzentration von 0,001 m ergibt sich folgender Zahlenwert:

$$\Delta G' = \Delta G^0 + RT \ln x; \qquad x = \frac{\text{ADP} \cdot \text{HPO}_4^{2-}}{\text{ATP}} = 10^{-5}$$

$$\begin{aligned} \Delta G' &= -7{,}8 + 1{,}98 \cdot 10^{-3} \cdot 298 \cdot 2{,}3 \lg 10^{-5} \\ &= -7{,}8 - 6{,}8 \\ &= -14{,}6 \text{ kcal/Mol.} \end{aligned}$$

Diese Berechnung zeigt die große Bedeutung der tatsächlich vorliegenden Konzentrationen der miteinander reagierenden Partner für die Größe der freien Enthalpie. In der lebenden Zelle herrschen nur in den seltensten Fällen die Konzentrationsbedingungen vor, die für die Aufwendung oder die Freisetzung des Betrages der Grundreaktionsenthalpie gelten. Aus diesem Grunde ist Gleichung (13) praktisch wichtig.

2.3. Energiereiche Verbindungen, gekoppelte Reaktionen

Die Stoffumwandlungen im lebenden Organismus lassen sich in 3 Gruppen einteilen:

1. *Energieverbrauchende Reaktionen* (endergone Prozesse, meist Synthesereaktionen).
2. *Energieliefernde Reaktionen* (exergone Prozesse, meist Abbaureaktionen).
3. *Stoffumwandlungen*, die *ohne wesentlichen Energieverbrauch* oder *-gewinn* erfolgen

Für den Stoffwechsel lebender Systeme ist typisch, daß endergone Prozesse dadurch ermöglicht werden, daß sie mit exergonen Reaktionen obligat gekoppelt sind. Man spricht in solchen Fällen von *gekoppelten Reaktionen*. Diese weisen einen beträchtlichen energetischen Wirkungsgrad auf.

Zu seiner Berechnung dienen die bekannten thermodynamischen Größen, die zwar als Standardwerte in den meisten Fällen bekannt sind, deren tatsächlichen Werte man aber durch die in der lebenden Zelle existierenden und häufig nicht genau genug bekannten Konzentrations- und Lösungsbedingungen nur approximativ berechnen kann. In den meisten Fällen wird der Nutzeffekt einer exergon ablaufenden Reaktion aus der entstehenden Menge energiereicher Verbindungen pro Mol Stoffumsatz berechnet.

Die Kopplung zwischen energieverbrauchenden Synthesereaktionen und energieliefernden Abbaureaktionen erfolgt durch Energieüberträger. Als *Energieüberträger* fungieren Verbindungen, die einen hohen Energiegehalt (hohes chemisches Potential) besitzen. Man bezeichnet sie auch als „energiereiche“ Verbindungen oder Verbindungen mit hohem *Gruppenübertragungspotential*. Der hohe Energieinhalt dieser Verbindungen kommt dadurch zum Ausdruck, daß sie bei der Hydrolyse einen hohen Betrag an freier Enthalpie liefern. Tab. 2 gibt einen Überblick über die wichtigsten Vertreter dieser Verbindungen sowie die Änderungen der freien Enthalpie bei der Hydrolyse unter Standardbedingungen. Im Vergleich dazu liefert die Hydrolyse normaler Phosphatester 2—3 kcal/Mol.

Tabelle 2

$\Delta G°$-Werte bei Hydrolyse „energiereicher" Verbindungen

Verbindung	$-\Delta G°$ kcal/Mol
Pyrophosphat	6,0
Acetyl-Coenzym A	6,3
Adenosindiphosphat	6,5
Adenosintriphosphat	7,8
Acetylphosphat	8,7
Phosphokreatin	9,8
Phosphoenolpyruvat	12,4
Acetyladenylat	13,0

Wie aus Tab. 2 zu ersehen ist, enthalten die energiereichen Verbindungen zu einem großen Teil Phosphatreste, welche entweder wieder mit Phosphorsäure oder mit einer anderen schwachen Säure anhydridartig verknüpft sind. Mit Hilfe dieser Phosphatverbindungen vermag die Zelle endergone Reaktionen in Gang zu setzen, in dem die Phosphatreste auf geeignete Acceptoren übertragen werden und dabei ihr hohes Gruppenübertragungspotential ausgenutzt wird.

Man unterscheidet im allgemeinen *drei Typen* derartiger *Reaktionen*, die am Beispiel des ATP als Phosphatdonator dargestellt seien:

1. *Hydrolyse*:

$$\underset{\text{ATP}}{A - R - Ⓟ \sim Ⓟ \sim Ⓟ} + H_2O \rightarrow \underset{\text{ADP}}{A - R - Ⓟ \sim Ⓟ} + Ⓟ$$

$$\Delta G^0 = -7{,}8 \text{ kcal/Mol}$$

2. *Übertragung des Phosphatrestes* auf einen Acceptor unter Bildung eines („energieärmeren") *Esters*:

A – R – Ⓟ ~ Ⓟ ~ Ⓟ + $-CH_2OH \rightarrow$
ATP z. B. Glucose

A – R – Ⓟ ~ Ⓟ + $-CH_2O$Ⓟ
ADP Ⓟ-Ester

$$\Delta G^0 = -4{,}8 \text{ kcal/Mol}$$

3. *Übertragung des Phosphatrestes* auf einen Acceptor unter Erhaltung des *hohen Gruppenübertragungspotentials*:

A – R – Ⓟ ~ Ⓟ ~ Ⓟ + A – R – Ⓟ
⇌ 2A – R – Ⓟ ~ Ⓟ

$$\Delta G^0 = -1{,}3 \text{ kcal/Mol.}$$

Die Größe der Änderung der freien Enthalpie ergibt sich aus der Differenz der Hydrolyseenthalpien zwischen ATP und der neugebildeten Phosphatbindung (Fälle 2 und 3). Eine energiereiche Verbindung wird im allgemeinen in der Kurzform durch eine Schlangenlinie (~) gekennzeichnet.

2.4. *Thermodynamik offener Systeme*

Die aus dem 2. Hauptsatz der Thermodynamik gezogenen Schlußfolgerungen hinsichtlich der *Irreversibilität* von Abläufen gelten nur für *abgeschlossene Systeme*, wobei darunter ein beliebiger Raum verstanden wird, der mit der Umgebung weder im Stoff- noch Energieaustausch steht. In solchen Systemen stellt sich mit der Zeit ein *Gleichgewicht* ein, in dem alle makroskopischen Prozesse beendet sind. Aus einem Zustand der Ordnung entsteht von selbst der wahrscheinlichere

Zustand der Unordnung mit $\Delta G = 0$ und einem *Maximum an Entropie.*

Wir haben im vorhergehenden Abschnitt gesehen, daß in solchen Systemen, die in einem Wärmetausch mit ihrer Umgebung stehen (man bezeichnet sie als nichtabgeschlossene Systeme), die Entropie auch abnehmen kann.

Ein charakteristisches Merkmal biologischer Systeme ist, daß sie sich dem 2. Hauptsatz scheinbar entgegengesetzt verhalten, indem sie die Entropie fortgesetzt vermindern, d. h. aus einem Zustand der Unordnung höhere Ordnung erzielen. Hierfür gibt es genügend Beispiele aus der Ontogenese; auch der Stoffwechsel enthält Prinzipien der Ordnungsvermehrung. Ein Kennzeichen lebendiger Systeme ist, daß sie negative Entropie („*Negentropie*") fortgesetzt vermehren. Es wäre aber falsch, daraus den Schluß zu ziehen, daß der zweite Hauptsatz der Thermodynamik für Lebewesen nicht zuträfe.

Der entscheidende Punkt ist, daß der lebendige Organismus thermodynamisch gesprochen ein *offenes System* ist.

Ein derartiges System ist dadurch gekennzeichnet, daß es in einem Stoff- *und* Energieaustausch mit der Umgebung steht. Auf diese Weise entstehen neue Gesetzmäßigkeiten, die in der „Thermodynamik offener Systeme" behandelt werden. Die Thermodynamik offener Systeme setzt den zweiten Hauptsatz nicht außer Kraft oder widerlegt ihn gar, sondern fußt auf ihm und wendet ihn auf die besonderen Bedingungen der offenen Systeme an.

Natürlich hängt es davon ab, wie man ein bestimmtes System definiert. Thermodynamisch gesehen ist eine Weltraumkapsel mit einem Menschen ein abgeschlossenes System, obwohl der Mensch selbst innerhalb dieses nach außen abgeschlossenen Systems ein offenes System darstellt. Der Stoff- und Energieaustausch des Menschen vollzieht sich innerhalb der Kapsel; für das System „Weltraumkapsel" gilt natürlich der 2. Hauptsatz. Die

Entropieabnahme in einem Teilsystem vom Gesamtsystem (Aufrechterhaltung des Lebens des Menschen in der Kapsel) bedeutet nicht, daß sich die Entropie des Gesamtsystems nicht ständig vergrößert.

Betrachtet man z. B. die *Kristallbildung* in einer Schmelze, so ist leicht einzusehen, daß der Kristall gegenüber der Schmelze einen höheren Ordnungszustand besitzt, d. h. die Entropie des Kristalls gegenüber der flüssigen Phase kleiner ist, obwohl der Prozeß bei gegebener Temperatur einseitig abläuft. Faßt man jedoch den Kristall mit demjenigen Teil der Umgebung, mit dem Wärmeaustausch stattfindet, zu einem gemeinsamen und abgeschlossenen System zusammen, so gilt für das gesamte System die Aussage: die Entropie des Gesamtsystems nimmt zu, da ja die Erstarrungswärme an die Umgebung abgegeben wird, somit potentielle Energie irreversibel in ungeordnete kinetische Energie verwandelt wird.

Die Aussagen des 2. Hauptsatzes haben allerdings nur Gültigkeit für den makroskopischen Bereich. Im Gebiet kleiner Molekülzahlen und in kleinen Räumen ist die statistische Verteilung der Moleküle nicht mehr gewährleistet. Das führt z. B. zu Dichteschwankungen bei Gasen oder zu ungleicher Verteilung kinetischer Energie (Brownsche Molekularbewegung), was im Prinzip gegen das Entropiegesetz verstößt. Die Problematik ist aber für thermodynamische Untersuchungen biologischer Prozesse von untergeordneter Bedeutung, sofern man das System so groß wählt, daß es außerhalb der Abweichung vom statistischen Mittel liegt.

Wodurch zeichnen sich nun *offene Systeme* aus? Es wurde bereits festgestellt, daß der *Stoff- und Energieaustausch* mit der Umgebung ein wesentliches Merkmal solcher Systeme ist. Dieser ungehinderte Austausch führt zur Einstellung eines *stationären Gleichgewichtszustandes* des Systems, das sich vom Zustande des thermodynamischen Gleichgewichtes grundsätzlich unterscheidet. Dieser Zustand ist durch folgende Parameter charakterisiert.

1. Die Umwandlungsgeschwindigkeit (z. B. im Falle chemischer Reaktionen die Reaktionsgeschwindigkeit) ist konstant, 2. alle intensive Größen wie Druck, Temperatur und Konzentration sind konstante Größen, 3. der im stationären Zustand ablaufende Gesamtprozeß ist irreversibel.

Viele Prozesse im lebenden Organismus, z. B. die chemischen Reaktionen einer enzymatischen Stoffwechselkette, Transportphänomene usw. können unter bestimmten Bedingungen als stationäre Gleichgewichtszustände offener Systeme betrachtet werden. Sie werden *Fließgleichgewichte* oder *steady-state-Systeme* genannt.

Kinetisch gesehen, zeichnet sich ein Fließgleichgewicht dadurch aus, daß Zusammensetzung und Mengenverhältnisse der an der Umsetzung teilnehmenden Partner konstant und die zeitlichen Änderungen der Zwischenprodukte 0 sind. Wird z. B. ein Stoff A über Zwischenstufen zu P umgesetzt, $A \to B \to C \to D \to E \to P$, dann ist im Fließgleichgewicht

$$-\frac{\mathrm{d}A}{\mathrm{d}t} = \text{konstant} = \frac{\mathrm{d}P}{\mathrm{d}t}$$

$$\frac{\mathrm{d}B}{\mathrm{d}t} = \frac{\mathrm{d}C}{\mathrm{d}t} = \frac{\mathrm{d}D}{\mathrm{d}t} = \frac{\mathrm{d}E}{\mathrm{d}t} = 0. \tag{15}$$

Dabei müssen die Konzentrationsverhältnisse der Zwischenprodukte nicht dem thermodynamischen Gleichgewicht entsprechen.

Welche *thermodynamischen Größen* können in *offenen Systemen* definiert werden? Die *Geschwindigkeit der Entropieänderung* $\frac{dS}{dt}$ stellt eine charakteristische Größe für offene Systeme dar.

Der 2. Hauptsatz kann unter Berücksichtigung von Stoff- und Energieaustausch mit der Umgebung wie folgt formuliert werden:

$$\mathrm{d}S = \mathrm{d}S_i + \mathrm{d}S_A \tag{16}$$

Die Gesamtentropieänderungen eines Systems dS setzen sich aus zwei Anteilen zusammen, der Entropieänderung, die durch Wärme- und Stoffaustausch mit der Umgebung entsteht (dS_A) — dieser Anteil kann positiv oder negativ je nach Prozeßführung sein — und der 2. Anteil dS_i des Systems, der seine Ursache in den irreversibel ablaufenden Prozessen im Innern des Systems hat und demzufolge stets positiv ist. Die Gesamtentropieänderung eines offenen Systems kann also sowohl zu- als auch abnehmen, je nachdem wie „negativ" oder „positiv" dS_A bei der Reaktion ist.

Entsprechend der oben gebrauchten Formulierung gilt dann für die Geschwindigkeitsfunktionen:

$$\frac{\mathrm{d}S}{\mathrm{d}t} = \frac{\mathrm{d}S_i}{\mathrm{d}t} + \frac{\mathrm{d}S_A}{\mathrm{d}t}, \tag{17}$$

$\frac{\mathrm{d}S_A}{\mathrm{d}t}$ stellt die *Entropieströmung*, d. h. die Geschwindigkeit der Entropieänderung auf Grund des Wärme- und Stoffaustausches und $\frac{\mathrm{d}S_i}{\mathrm{d}t}$ die *Entropieerzeugung*, d. h. die Geschwindigkeit der Entropieänderung des Systems durch irreversible Prozesse dar.

$\frac{\mathrm{d}S}{\mathrm{d}t}$ kann ebenfalls negativ oder positiv sein, $\frac{\mathrm{d}S_i}{\mathrm{d}t}$ ist stets positiv.

Die Entropieströme stehen in einem bestimmten zusammenhang zur Umsatzgeschwindigkeit eines offenen Systems. Nach einer Ableitung von DE DONDER, die von ONSAGER erweitert wurde, läßt sich zeigen, daß die Entropieerzeugung eine Funktion der aus der Summe der Produkte von Affinitäten chemischer Reaktionen X_i mit den dazugehörigen Reaktionsgeschwindigkeitskonstanten J_i ermittelten Größen unter bestimmten Bedingungen ist. Diese Beziehung wurde von ONSAGER auch auf physikalische Zustandsänderungen wie Wärmeleitung, Diffusion, Elektrizitätsleitung usw. erweitert, wobei er voraussetzte,

daß zwischen den Strömen und Kräften homologe lineare Beziehungen bestehen.
Es gilt daher

$$\sum_{i=1}^{i=i} J_i X_i = T \frac{\mathrm{d}S_i}{\mathrm{d}t}. \tag{18}$$

Der Ausdruck $T \frac{\mathrm{d}S_i}{\mathrm{d}t} = T \cdot Q$ wird auch als Dissipation bezeichnet.

Er hat die Dimension einer Leistung, d. h. Energieänderung pro Zeit und ist ein Maß für die Geschwindigkeit der Energiezerstreuung in Wärme und kann zur allgemeinen Charakterisierung eines offenen Systems dienen. $\frac{\mathrm{d}S_i}{\mathrm{d}t}$ besitzt die Eigenschaft, bei Erreichen des stationären Zustandes eines offenen Systems den kleinstmöglichen positiven Wert anzunehmen. Das bedeutet, daß Systeme im Fließgleichgewicht ein Minimum an Entropie erzeugen. Diese Feststellung hat besondere Bedeutung für biologische Prozesse, deren offene Systeme häufig eng gekoppelte Stoff- und Energieübertragungen mit hohem Wirkungsgrad darstellen. Man kann in der Erscheinung der minimalen Entropieerzeugung irreversibel ablaufender Reaktionen im steady-state ein biologisch-ökonomisches Prinzip vermuten. Allerdings ist die generalisierte Anwendung des Minimalprinzips auf biologische, chemische und physikalische Umwandlungen an eine Anzahl von Voraussetzungen gebunden, die häufig nicht gegeben sind bzw. noch nicht überprüft wurden.

Der stationäre Gleichgewichtszustand ist weiterhin dadurch charakterisiert, daß die Entropieänderung des offenen Gesamtsystems verschwindet, d. h. $\frac{\mathrm{d}S}{\mathrm{d}t} = 0$ wird. Dann muß $\frac{\mathrm{d}S_A}{\mathrm{d}t}$ stets negativ sein. Die negative Entropieströmung wird durch Wärmeabgabe und durch Zufuhr und Abgabe von Materie hervorgerufen. Daraus ist wieder ableitbar: Nur thermodynamisch offene

Systeme können in einem Fließgleichgewicht vorliegen. Ist $\frac{dS}{dt}$ positiv oder negativ, befindet sich das System nicht mehr im Fließgleichgewicht. Offene Systeme haben jedoch die Eigenschaft, sich diesem Gleichgewicht zu nähern.

Es sollen noch einige abschließende Bemerkungen über die Erniedrigung der Entropie in den lebenden Organismen gemacht werden.

Der Organismus nimmt Nahrung auf und baut dessen Bestandteile zu Körpersubstanz um, gleichzeitig scheidet er niedrigmolekulare Abbauprodukte aus. Alle drei Gruppen von Substanzen besitzen einen bestimmten Entropieinhalt, die Bestandteile der Nahrung, die des Organismus und die Ausscheidungsprodukte. Grob gesprochen, liegt die Entropie der Nahrungsstoffe zwischen der Entropie der beiden anderen Stoffgruppen. Die Entropieverminderung, die der Organismus zur Aufrechterhaltung des Lebens, zum Wachstum, zur Entwicklung, zur Synthese von Körpersubstanz usw., durchführt, wird dadurch gesichert, daß er ständig Entropie abführt, zu einem großen Teil in Form der ausgeschiedenen Stoffwechselendprodukte. Die Zunahme der Ordnung im Organismus, also die Verminderung der Entropie, erfolgt auf Kosten des negativen Entropieflusses, d. h. auf Kosten der Entropiezunahme im umgebenden Medium, da die vom Organismus ausgeschiedenen Stoffe eine größere Entropie als die von ihm aufgenommenen haben. Die Tätigkeit des lebenden Organismus ist auf eine Abnahme der Entropie gerichtet. Dies wird, thermodynamisch gesehen, dadurch erreicht, daß der Organismus ständig Stoffwechselprodukte mit höherem Entropiegehalt als die von ihm aufgenommenen Nahrungsstoffe ausscheidet.

Abschließend sollen die wichtigsten Kriterien offener Systeme mit denen abgeschlossener thermodynamischer Systeme verglichen werden.

Abgeschlossene Systeme	*Offene Systeme*
1. Kein Wärme- und Stoffaustausch mit der Umgebung.	1. Wärme - und Stoffaustausch mit der Umgebung.
2. Sie streben einem zeitunabhängigen thermodynamischen Gleichgewicht zu.	2. Sie streben einem zeitunabhängigen Fließgleichgewicht zu.
3. Thermodynamische Gleichgewichte sind reversibel.	3. Fließgleichgewichte sind irreversibel.
4. Das Gleichtgewicht ist durch ein Maximum an Entropie charakterisiert. Die Entropieänderung dS im Gleichgewicht ist gleich 0.	4. Das Fließgleichgewicht ist durch ein Minimum an innerer Entropieerzeugung charakterisiert.

3. Die biologische Oxidation

3.1. Allgemeines

Unter *biologischer Oxidation* versteht man die *enzymatische Oxidation* von Stoffen in der belebten Welt. Endprodukte des Abbaues und der biologischen Oxidation der Fette und Kohlenhydrate sind Kohlendioxid und Wasser, von Aminosäuren Kohlendioxid, Wasser, Harnstoff und Ammoniak.

Die biologische Oxidation besitzt Ähnlichkeiten mit den Verbrennungsprozessen der unbelebten Welt, sie ist mit diesen aber nicht identisch. Die Prozesse der biologischen Oxidation besitzen folgende Eigentümlichkeiten:

1. Die biologische Oxidation stellt *keine einstufige Reaktion* wie die Verbrennung dar, sondern ist eine *stufenweise ablaufende Reaktionskette*, in deren Verlauf

die freiwerdende Energie der oxidierten Stoffe sowohl in Form von Wärme auftritt als auch gebunden in Form von chemischer Energie erhalten bleibt. Hierbei spielen die sog. *energiereichen Verbindungen* eine wichtige Rolle.

2. Oxidationen in biologischen Systemen sind nahezu ausnahmslos Enzymkatalysen.

3. Während bei der Verbrennung die Freisetzung von Energie im allgemeinen auf die Oxidation von Kohlenstoff zu Kohlendioxid zurückgeht, ist es bei der biologischen Oxidation die *stufenweise Oxidation des Wasserstoffs zu Wasser*, die die Energie liefert.

Im engeren Sinne versteht man unter biologischer Oxidation die schrittweise Oxidation von Wasserstoff, der im Verlauf des Stoffwechsels von den oxidierbaren Substraten enzymatisch abgespalten wird, zu Wasser. Die bei diesem Prozeß insgesamt freigesetzte Energiemenge ist gleich derjenigen, die bei der Knallgasreaktion entsteht.

Als *Atmungskette* wird das aus mehreren Einzelenzymen zusammengesetzte Enzymsystem bezeichnet, das die schrittweise Oxidation des Wasserstoffs katalysiert. Es ist mit einem weiteren System eng verbunden, das in der Lage ist, die bei diesem Prozeß „portionsweise" freigesetzte Energie chemisch in Form von ATP zu konservieren (*oxidative Phosphorylierung*).

Der der Atmungskette angebotene Wasserstoff stammt aus den Substraten des Zwischenstoffwechsels. Er wird von diesen durch Dehydrogenasen abgespalten und auf die Coenzyme NAD^+ und $NADP^+$ übertragen, die dabei reduziert werden (s. S. 46ff.). NADH bzw. NADPH werden danach durch die Atmungskette oxidiert.

Die durch die Dehydrogenasen und die Pyridinnucleotide oxidierbaren Substrate werden durch abbauende Stoffwechselwege angeliefert. Diese stellen Reaktionsketten und Reaktionscyclen dar, die miteinander eng verflochten sind. Die Abbauwege der Kohlenhydrate (Glykolyse), der Fettsäuren (Fettsäurespirale) und der Eiweiße münden in den wichtigsten gemeinsamen Endabbauweg aller Stoffgruppen, den Citronensäurecyclus, ein. Die oxidierbaren Substrate des Citronensäurecyclus stellen das Hauptreservoir für den Wasserstoff dar, der durch die Atmungskette oxidiert wird (Abb. 31).

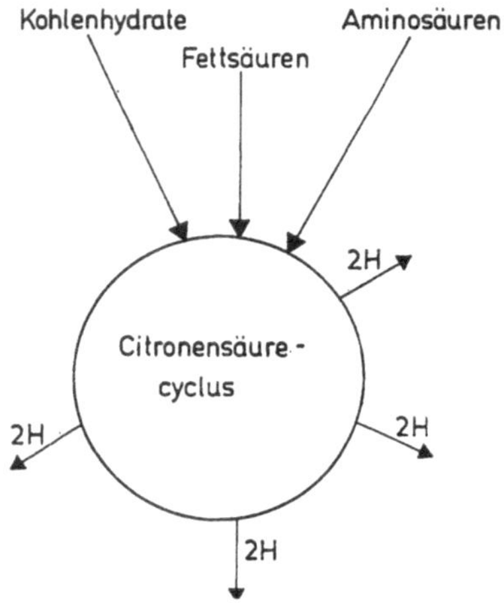

Abb. 31. Schema der Verknüpfung der abbauenden Stoffwechselreaktionen (Die vom Citronensäurecyclus ausgehenden 4 Pfeile stellen 4 Moleküle Wasserstoff dar, die von der Atmungskette oxidiert werden)

3.2. Das Wesen der Oxidation

Unter *Oxidation* versteht man die *Abgabe*, unter *Reduktion* die *Aufnahme* von *Elektronen*. Grundsätzlich ist jeder Oxidationsprozeß mit einem Reduktionsvorgang verknüpft, da die Elektronen, die der oxidierte Stoff abgibt, auf das Oxidationsmittel, das dabei reduziert wird, übertragen werden. Man bezeichnet den Stoff, der Elektronen abgibt, als Elektronendonator, den Stoff, der Elektronen aufnimmt, als Elektronenacceptor. Ein solches Oxidations-Reduktions-Paar nennt man *Redoxsystem*.

Als Beispiel diene das folgende Redoxsystem. Es besteht aus Zink und Kupfer einschließlich ihrer ionisierten Formen:

$$Cu^{++} + Zn = Cu + Zn^{++}.$$

Cu^{++}-Ionen werden von metallischem Zink reduziert, wobei metallisches Kupfer entsteht und aus dem Zink Zn^{++}-Ionen gebildet werden. Dieser Redoxvorgang setzt sich aus den folgenden zwei Teilreaktionen zusammen:

$$Zn \rightleftharpoons Zn^{++} + 2\textcircled{e}$$

$$Cu^{++} + 2\textcircled{e} \rightleftharpoons Cu.$$

Die Flußrichtung der Elektronen ist innerhalb dieses Systems vom Zink zum Cu^{++}. Letzteres hat eine größere Elektronenaffinität als Zink, es wirkt gegenüber Zink als Oxidationsmittel. In der sog. *Spannungsreihe* werden die Elemente oder Verbindungen entsprechend ihrer Elektronenaffinität geordnet (s. Lehrbücher der Physikalischen Chemie).

Betrachten wir als nächstes die Oxidation einer organischen Substanz, etwa die Oxidation von Hydrochinon zu Chinon durch Sauerstoff:

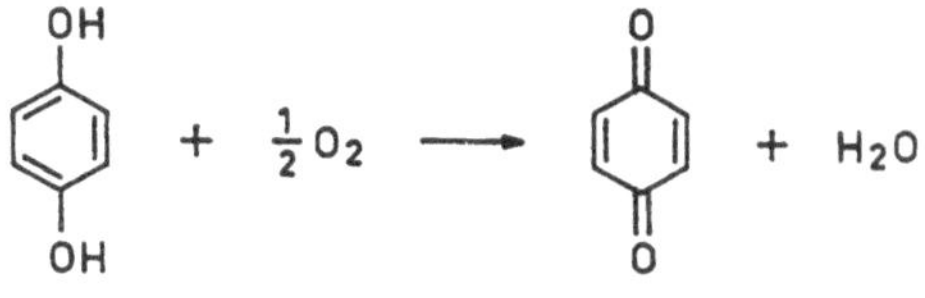

Der Vorgang der Wasserstoffübertragung verläuft in mehreren Stufen: Dissoziation des Hydrochinons zum Hydrochinon-Anion (*Stufe 1*); Übertragung der Elektronen vom ionisierten Hydrochinon zum Sauerstoff unter

Bildung von Chinon (*Stufe 2*); Vereinigung von O^{--} mit $2H^+$ unter Bildung von Wasser (*Stufe 3*).

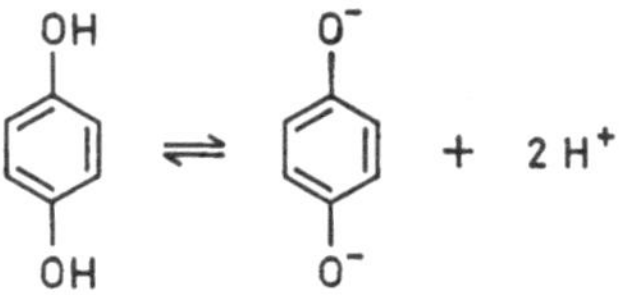

(1)

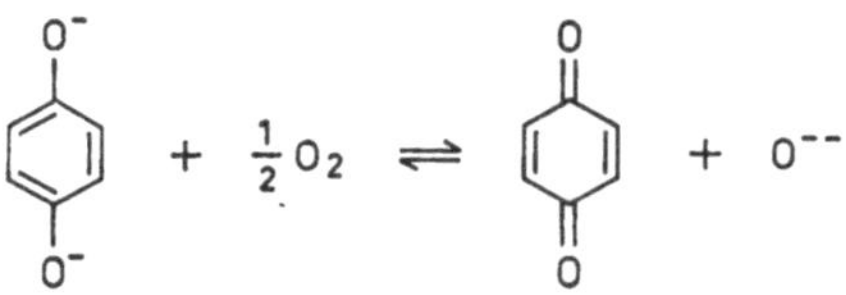

(2)

$$O^{--} + 2H^+ \rightleftharpoons H_2O \qquad (3)$$

Der eigentliche *Oxidations-Reduktionsprozeß* in dieser Reaktionsfolge läuft auf *Stufe 2* ab. Er ist das Kernstück des Gesamtprozesses. Die einzelnen Elektronen werden dabei nicht paarweise, sondern einzeln übertragen. Dieses Beispiel zeigt, daß an Oxidationsprozessen, in denen Sauerstoff das Oxidationsmittel ist, der Elektronenfluß zum Sauerstoff hin erfolgt, der Sauerstoff demzufolge der terminale Elektronenacceptor ist. Man kann das Beispiel als ein Modell für die Wasserstoffabspaltung aus organischen Verbindungen mittels Sauerstoff betrachten. Es zeigt, daß dieser Vorgang mehrstufig erfolgt. Die erste Stufe stellt die Dissoziation der Protonen, die zweite die Abspaltung der Elektronen dar. Man bezeichnet den Prozeß der Wasserstoffabspaltung als Dehydrierung. Die Dehydrierung der Substrate und die Prozesse der Wasserstoffübertragung im intermediären Stoffwechsel verlaufen dem eben besprochenen Fall sehr ähnlich.

3.3. *Das Redoxpotential*

Die *Elektronenaffinität* eines jeden Stoffes ist *meßbar*, d. h. man kann den Elektronenübergang vom Reduktionsmittel auf das Oxidationsmittel durch eine geeignete Meßanordnung (galvanische Kette) messen.

Wenn man Redoxsysteme gegen eine Normalwasserstoffelektrode mißt (mit Wasserstoff umspülte Platinelektrode in HCl mit H^+-Aktivität von 1, Wasserstoffpartialdruck = 760 mm Hg), deren Potential definitionsgemäß = 0 ist, so erhält man Spannungswerte, die ein Ausdruck des Bestrebens eines Stoffes sind, Elektronen abzugeben oder aufzunehmen. Man bezeichnet sie als *Redoxpotentiale*. Bei Kopplung von zwei Redoxsystemen miteinander bestimmen Vorzeichen und Größe der einzelnen Redoxpotentiale die Richtung des Elektronenflußes. Dieser verläuft stets vom Partner mit niedrigerem zum Partner mit höherem Redoxpotential, d. h. Stoffe mit höherem oxidieren solche mit niedrigerem Redoxpotential.

Als *Normalpotential* E_0 eines Redoxsystems (z. B. des Fe^{++}/Fe^{+++}-Systems) wird das Potential definiert, das dieses gegen die Normalwasserstoffelektrode ausbildet, wenn beide Oxidationsstufen in gleichen Aktivitäten zugegen sind ($Fe^{3+}/Fe^{2+} = 1$). Daraus geht hervor, daß das Redoxpotential E konzentrationsabhängig ist. Es folgt der NERNST-Gleichung:

$$E = E_0 + \frac{R \cdot T}{n \cdot F} \ln \frac{c_{\text{oxid}}}{c_{\text{reduz}}}.$$

Zeichenerklärung:

E = Redoxpotential

E_0 = Normal- oder Grundpotential

$\frac{R \cdot T}{n \cdot F} \ln \frac{c_{\text{oxid}}}{c_{\text{reduz}}}$ = konzentrationsabhängiges Glied, wobei

R = Gaskonstante (1,98 cal/Mol · °C)
T = absolute Temperatur in °K
n = Zahl der übertragenen Ladungen
F = Faraday-Konstante (96500 Coulomb)
c_{oxid} = Konzentration des oxidierten Stoffes
c_{reduz} = Konzentration des reduzierten Stoffes

Wenn man das Potential einer mit Wasserstoff von 1 atm umspülten Platinelektrode, die in eine Lösung von pH 7 eintaucht, gegen die Normalwasserstoffelektrode mißt, so ergibt sich eine Potentialdifferenz von −0,420 V, d. h. die Platinelektrode in der Lösung von pH 7 lädt sich gegen die Normalwasserstoffelektrode negativ auf. Ursache ist die um sieben Zehnerpotenzen geringere H^+-Ionenaktivität in der Lösung von pH 7 gegenüber der Lösung von pH 0, so daß bei pH 7 ein größerer Lösungsdruck für Wasserstoff als bei pH 0 herrscht, der zu einer negativen Aufladung der Elektrode führt ($H_2 \rightleftharpoons 2H^+ + 2e$). Pro pH-Einheit ergibt sich eine Potentialdifferenz von 0,060 V. Dies ist die Grundlage der elektrometrischen pH-Messung.

Die Potentiale biologischer Redoxsysteme werden übereinkommensgemäß bei pH 7,0 gemessen. Sie erhalten dann die Bezeichnung E_0'. In Tab. 3 sind die E_0'-Werte verschiedener derartiger Systeme in Form einer „Spannungsreihe" angeordnet.

Das *Redoxpotential* ist ein Maß für die *Triebkraft* des Oxidations-Reduktions-Prozesses. Es ist mit der *Änderung* der *freien Enthalpie* der Reaktion durch folgende Gleichung verbunden:

$$-\Delta G^0 = \Delta E \cdot n \cdot F$$

ΔG° = freie Enthalpie (in Joule)
ΔE = Potentialdifferenz (in Volt)
n = Zahl der Elektronen
F = Faraday-Konstante (96500 Coulomb)

Tabelle 3

Normalpotentiale (E_0') einiger biologischer Redoxsysteme

Redoxsystem	E_0' in V	Redoxsystem	E_0' in V
		Flavoproteid red./oxid.	−0,060
Wasserstoffelektrode	−0,420	Cytochrom b red./oxid.	−0,040
$NADPH_2/NADP^+$, $NADH_2/NAD^+$	−0,320	Succinat/Fumarat	0,000
β-Oxybuttersäure/Acetessigsäure	−0,282	red./oxid. Cytochrom c	+0,260
Lactat/Pyruvat	−0,175	red./oxid. Cytochrom a	+0,290
Malat/Oxalacetat	−0,160		
Äthanol/Acetaldehyd	−0,090	O/O^{--}	+0,810

Das Redoxpotential der *Knallgaskette* beträgt $\Delta E = 1{,}23$ V. Daraus errechnet sich die freie Enthalpie des Prozesses zu:

$$-\Delta G^0 = 1{,}23 \cdot 2 \cdot 96500 = 237390 \text{ Joule/Mol.}$$

Da 4,2 Joule $\triangleq$ 1 cal, ergibt sich:

$$-\Delta G^0 = 56521 \text{ cal/Mol} = 56{,}5 \text{ kcal/Mol.}$$

Die *Knallgasreaktion* ist eine *stark exergone Reaktion*, sie geht mit einem beträchtlichen Gefälle an freier Enthalpie einher (vgl. damit die Angaben auf S. 112).

3.4. Die Atmungskette

Die *biologische Oxidation* erfolgt, wie bereits erwähnt, durch das *Enzymsystem der Atmungskette*. Man versteht darunter eine aus verschiedenen Redoxsystemen zusammengesetzte Reaktionskette, die die Wasserstoffatome, die aus den dehydrierten Substraten des Stoffwechsels stammen bzw. deren Elektronen stufenweise zum Sauerstoff transportieren und schließlich als Produkt Wasser bildet. Der Wasserstoff- bzw. Elektronentransport durch die Atmungskette wird durch Enzyme katalysiert. Die Sauerstoffaufnahme durch eine lebende Zelle, die Zellatmung, ist das äußere Kennzeichen der biologischen Oxidation. Chemisch gesehen stellt die biologische Oxidation folglich die Knallgasreaktion dar. Sie erfolgt jedoch nicht wie diese in einem Schritt und explosionsartig, sondern stufenweise unter *kaskadenartiger Freisetzung der Energie.*

Abb. 32 gibt einen Überblick über den Aufbau der Atmungskette. Die im Schema dargestellten Redoxsysteme stellen die prosthetischen Gruppen bzw. Coenzyme der jeweiligen Enzyme dar.

Wie die in Tabelle 3 angegebenen Redoxpotentiale erkennen lassen, sind die Komponenten der Atmungskette entsprechend ihrem Redoxpotential angeordnet, d. h. die Atmungskette stellt die „Spannungsreihe der biologischen Oxidation" dar. Von den hintereinandergeschalteten Redoxsystemen hat das Paar $NADH_2/NAD^+$ das negativste, das Paar O_2/O^{2-} das positivste Potential. Das Redoxsystem O_2/O^{2-} kann potentiell alle in dem Schema über ihm stehenden Stoffe oxidieren. Man unterteilt die Atmungskette in einen *wasserstoff-* und einen *elektronenübertragenden* Teil.

Zum wasserstoffübertragenden Teil gehören die Dehydrogenasen der Substrate mit den Pyridinnucleotiden als Coenzyme, die Flavinenzyme und das Ubichinon. Der elektronenübertragende Teil besteht aus den Cytochromen und der Cytochromoxidase. Die reduzierenden Äquivalente im wasserstoffübertragenden Anteil sind selbstverständlich die Elektronen des Wasserstoffs. Pro Mol NAD, FAD und Ubichinon werden zwei Elektronen übertragen (*Zwei-Elektronen-Transport*), pro Mol Cytochrom bzw. Cytochromoxidase nur ein Elektron (*Ein-Elektronen-Transport*). Der molekulare Sauerstoff am Ende der Atmungskette wird in vier Ein-Elektronen-Übertragungsschritten reduziert. Das *Ergebnis* des Was-

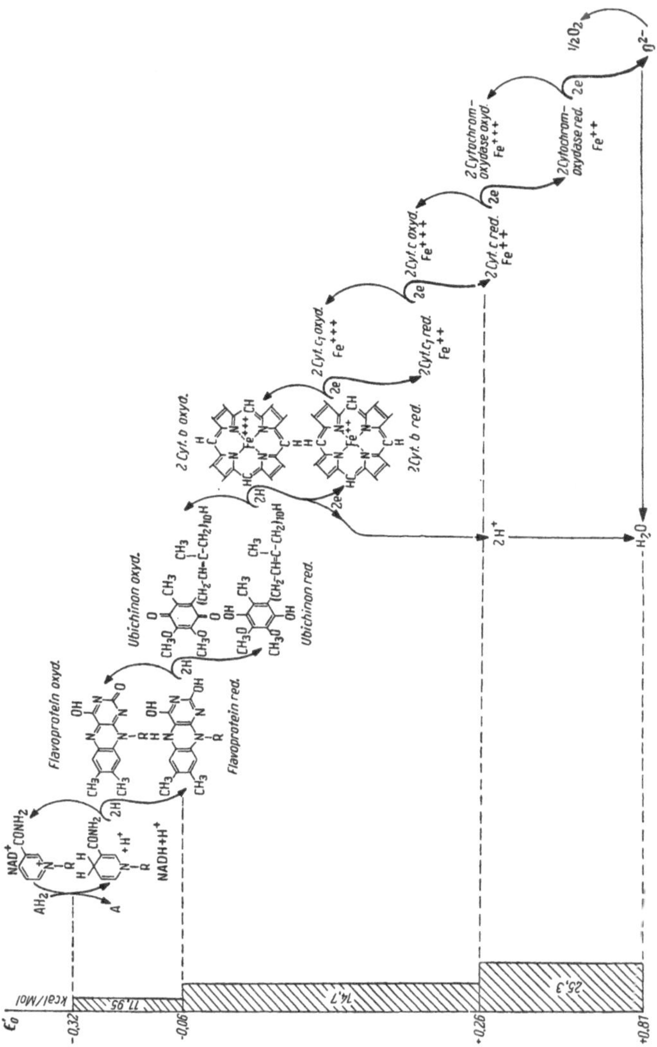

Abb. 32. Schematische Darstellung der Atmungskette (in Anlehnung an CHANCE)

serstoff- und Elektronentransportes durch die Atmungskette ist die *Bildung von Wasser*. Abbildung 32 enthält neben den wesentlichsten Komponenten der Atmungskette, deren Normalpotentiale sowie die Änderungen der freien Enthalpie, die bei dem Elektronentransport zwischen den einzelnen Redoxsystemen eintreten.

Innerhalb der Zellen ist die *Atmungskette* in den *Mitochondrien* lokalisiert.

$$\text{Substrat} \rightrightarrows \text{NAD} \rightrightarrows \text{FAD} \rightrightarrows \text{Ubichinon}$$

$$\rightarrow \text{Cytochrom b} \rightarrow \text{Cytochrom } c_1 \rightarrow \text{Cytochrom c}$$

$$\rightarrow \text{Cytochromoxydase} \rightarrow O_2$$

Zwei- und Ein-Elektronentransport in der Atmungskette.

3.4.1. *Wasserstoffübertragender Teil der Atmungskette*

3.4.1.1. *Pyridinnucleotidabhängige Enzyme*

Die Oxidation organischer Verbindungen in der Zelle beginnt primär mit einer *Dehydrierung*. Die Grundtypen der Dehydrierungsreaktionen sind der Tabelle 4 zu entnehmen. Der Mechanismus der Wasserstoff-Übertragung sowie die Struktur des NAD^+ (Nicotinsäureamidadenindinucleotid) und $NADP^+$ (Nicotinsäureamidadenindinucleotidphosphat) sind auf den Seiten 46ff. und im Teil I beschrieben.

Als Wasserstoffacceptoren dienen bei der Dehydrierung der Substrate entweder NAD^+ oder $NADP^+$ (in vereinzelten Fällen auch Flavoproteide), die als Coenzyme der NAD^+- oder $NADP^+$-spezifischen Dehydrogenasen das *Sammelbecken* für fast sämtlichen Substratwasserstoff darstellen.

Die Dehydrogenasen sind historisch sehr interessant, da mit ihrer Entdeckung (WARBURG) der Anfang für die

Tabelle 4

Dehydrierungstypen

Ausgangsverbindung		Oxidationsprodukt
$R-CH_2-CH_2-R'$ gesättigte Verbindung	$\xrightarrow{-2H}$	$R-CH=CH-R'$ ungesättigte Verbindung
$R'-CH=CH-R'$ ungesättigte Verbindung	$\xrightarrow[\text{Hydratation}]{+H_2O}$ $R-CH_2-CHOH-R'$ $\xrightarrow{-2H}$	$R-CH_2-C(=O)-R'$ Keton
$R'-CHOH-R$ sek. Alkohol	$\xrightarrow{-2H}$	$R'-C(=O)-R$ Keton
$R-CH_2OH$ prim. Alk.	$\xrightarrow{-2H}$	$R-C(=O)H$ Aldehyd
$R-C(=O)H$ Aldehyd	$\xrightarrow{+H_2O}$ $R-HC(OH)_2$ $\xrightarrow{-2H}$ Aldehydhydrat	$R-C(=O)OH$ Carbonsäure
$R-CH(NH_2)-COOH$ Aminosäure	$\xrightarrow{-2H}$ $R-C(=NH)-COOH$ $\xrightarrow{+H_2O}$ Iminosäure	$R-C(=O)-COOH + NH_3$ Ketosäure

klassischen Untersuchungen der stufenweisen Oxidation gegeben war.

In zahlreichen Fällen ist eine Dehydrierung erst nach Hydratisierung des Substrates (s. Tab. 4) möglich. Das hat zur Folge, daß das intrazelluläre Wasser eine bemerkenswerte Umsatzrate besitzt. Im Flugmuskel der afrikanischen Wanderheuschrecke *Locusta migratoria* z. B. können stündlich bis zu 25% des verfügbaren Zellwassers für derartige Reaktionen in Anspruch genommen werden.

Etwa 200 verschiedene Enzymproteine sind bekannt, die entweder NAD^+, $NADP^+$ oder beide als Coenzyme besitzen und teils im Cytoplasma, teil in den Mitochondrien vorkommen. Trotz der Vielzahl der Dehydrogenasen lassen sich die Dehydrierungsreaktionen auf eine kleine Zahl von Dehydrierungstypen zurückführen (Tab. 4). Von den hydrierten Pyridinnucleotiden unterliegt $NADH_2$ vorwiegend der Oxidation innerhalb der Atmungskette, während $NADPH_2$ bevorzugt für reduktive Synthesen Verwendung findet.

Die Oxidation des $NADH_2$ erfolgt durch die in der Atmungskette nachgeschalteten Flavinenzyme.

3.4.1.2. Flavinenzyme

Die *Flavinnucleotide* Flavinmononucleotid (FMN) und Flavinadenindinucleotid (FAD) sind die *prosthetischen Gruppen* der „gelben“ Fermente (*Flavoproteide, Flavinenzyme*) (Formeln hierfür s. Teil I, S. 148).

Gemeinsamer Bestandteil beider Flavine ist das *Riboflavin* (Vitamin B_2). Der Isoalloxazinbestandteil dieser beiden prosthetischen Gruppen ist ein azachinoides System, das als Flavochinon und Leukoflavin, sowie in der Form des Flavosemichinon-Radikals auftreten kann.

Messungen von Infrarotspektren und Untersuchungen der Elektronen-Spin-Resonanz ergaben, daß bei der durch NADH erfolgten Reduktion der Flavinenzyme deren prosthetische Gruppe aus dem Zustand des Flavochinons in die Form des Leukoflavins übergeht und dabei ein „halbreduzierter" Zustand, nämlich der des Flavosemichinon-Radikals durchlaufen wird. Flavine kommen also in drei verschiedenen Oxidationszuständen vor, die durch chemische und physikalische Eigenschaften voneinander unterschieden sind:

1. oxidierter Zustand = Flavochinon, 2. halbreduzierter oder Radikalzustand = Flavosemichinon (Anwesenheit eines ungepaarten Elektrons); 3. reduzierter Zustand = Leukoflavin. Die Reduktion geschieht demnach schrittweise, indem sich zwei sehr schnell hintereinanderfolgende Ein-Elektronenübergänge vollziehen. Die Flavine können in der Atmungskette folglich an Zwei- und auch an Ein-Elektronen-Übertragungen beteiligt sein.

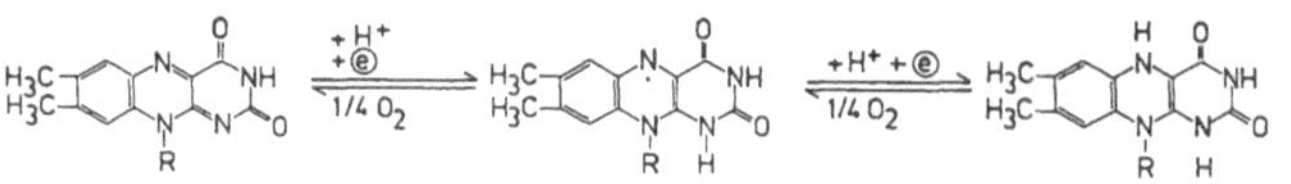

Flavochinon (oxydiertes Flavin) — Flavosemichinon-Radikal — Leukoflavin (reduziertes Flavin)

Aus der großen Zahl von *Flavinenenzymen* interessieren uns in diesem Zusammenhang vor allem die *NADH-Dehydrogenase* und die *Succinatdehydrogenase*. Sie sind die wichtigsten Flavinenzyme der Atmungskette und verbinden die Reaktionen der Substratdehydrierung mit dem System der terminalen Elektronenübertragung. Neben diesen beiden Enzymen findet man in der Atmungskette noch die FAD-abhängige mitochondriale Glycerin-1-phosphat-dehydrogenase (s. S. 171) und die Cholindehydrogenase, die wir hier jedoch nicht näher besprechen wollen.

Sowohl die NADH- als auch die Succinatdehydrogenase sind strukturell und funktionell eng mit dem Elektronentransportsystem verbunden. Sie sind beide integrierende, also fest gebundene Bestandteile der Innenmembran der Mitochondrien. Aus diesem Grunde war die Reinigung und nähere biochemische Charakterisierung dieser beiden Enzyme sehr mühsam. Die NADH-Dehydrogenase der Herzmuskel-Mitochondrien besitzt FMN als festgebundene prosthetische Gruppe, während die Succinatdehydrogenase FAD enthält, das sich in kovalenter Bindung an der Polypeptidkette des Enzyms befindet.

Wie bereits erwähnt, übernimmt die NADH-Dehydrogenase den Wasserstoff vom NADH, während die Succinat-Dehydrogenase durch Bernsteinsäure (einem Zwischenprodukt des Citronensäurecyclus, s. S. 195) reduziert wird.

Die Oxidation beider Enzyme erfolgt durch Coenzym Q. Bei der Erforschung dieser Enzyme spielte der Einsatz künstlicher Elektronenacceptoren eine beträchtliche Rolle. Für die NADH-Dehydrogenase erwiesen sich das Ferricyanid, für die Succinatdehydrogenase das Phenazinmethosulfat als wertvoll, da die intakten und durch Extraktions- und Alterungseinflüsse sekundär nicht veränderten Enzyme eine hohe Spezifität für diese Acceptoren aufwiesen. Sowohl die NADH- als auch die Succinat-Dehydrogenase enthalten als weitere Bestandteile Eisen, das sich in diesen in nichthämgebundener Form befindet, sowie sog. „säurelabiles Sulfid".

In den letzten Jahren sind interessante neue Einblicke in die Struktur und die chemische Zusammensetzung beider Enzyme erreicht worden. Die NADH-Dehydrogenase hat ein minimales Molekulargewicht (pro Mol FMN) von 70000 und enthält FMN : Eisen : Schwefel im Verhältnis von 1:4:4.

Die gleichen Relationen (jedoch FAD anstelle von FMN) findet man auch in der Succinatdehydrogenase. Letztere hat ein Molekulargewicht von 97000 und besteht offenbar aus zwei Untereinheiten. Die eine Untereinheit ist ein Flavoprotein von 70000, in dem sich, wie oben erwähnt, 1 Mol kovalent gebundenes FAD sowie

4 g-Atome Eisen und 4 g-Atome Schwefel befinden. Die andere Untereinheit ist ein Eisen-Schwefel-Protein mit einem Molekulargewicht von 27000.

3.4.1.3. Ubichinon (Coenzym Q)

Die Flavinenzyme übertragen den Wasserstoff des NADH und des Succinates auf *Ubichinon*, das die folgende Komponente der Atmungskette darstellt. Dieses Ubichinon befindet sich seinerseits zwischen den Flavinenzymen und dem Cytochromsystem. Ubichinon („Ubi“-chinon erhielt den Namen deshalb, weil sein Vorkommen ubiquitär ist), auch Coenzym Q genannt, stellt ein chinoides System dar, das in den Hauptweg der Atmungskette eingeschaltet ist.

Ubichinon wurde erstmals aus Rinderherzmitochondrien isoliert. In Hefemitochondrien und Bakterien kommen Homologe vor, die entsprechend der Anzahl der isoprenoiden Einheiten als $Q_{7,8,9,10}$ ... bezeichnet werden.

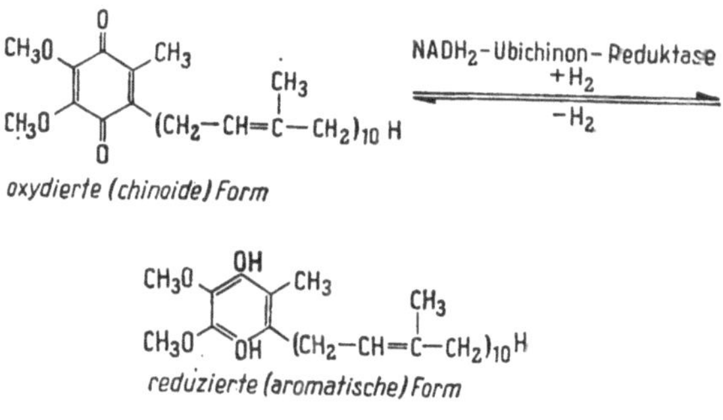

Das Redoxsystem Ubichinon

Wie aus dem vorangegangenen Kapitel hervorgeht, ist die Stufe des Coenzyms Q die Mündungsstelle von zwei Hauptwegen des Wasserstofftransportes, nämlich des vom NADH (Abb. 33, Weg 1) und des von der Bernsteinsäure (Abb. 33, Weg 2) herkommenden Weges.

Weg 1 bezeichnet man als das NADH-Coenzym Q-Reduktase-System und Weg 2 als das Bernsteinsäuredehydrogenase-Coenzym Q-Reduktase-System. Beide enthalten Flavoproteide, die beim Weg 1 vorwiegend FMN- und beim Weg 2 vorwiegend FAD-abhängig sind. Neben Flavoproteiden kommen in beiden Systemen mehrere Komponenten vor, die man als „Eisen-Schwefel-

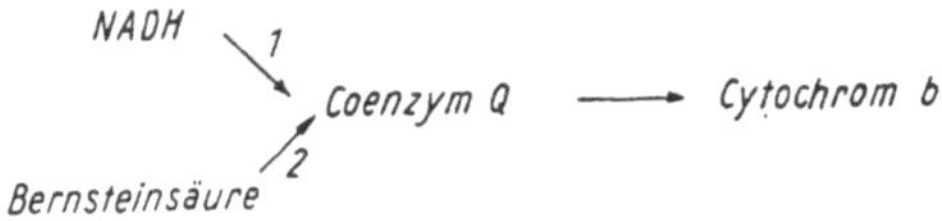

Abb. 33. Stellung des Ubichinons in der Atmungskette

Zentren" bezeichnet und die ebenfalls Redoxsysteme darstellen und mit großer Wahrscheinlichkeit obligate Bestandteile der Atmungskette sind. In den letztgenannten, sehr einfach gebauten Proteinen ist *Eisen nichthämartig* gebunden. Diese Proteine besitzen offenbar große Bedeutung für die Prozesse der Energiekonservierung.

Das NADH-Coenzym Q-Reduktase-System wird durch drei experimentell bedeutsame *Inhibitoren der Atmungskette* unterbrochen, nämlich durch das *Amytal*, das *Rotenon* und das *Piericidin A*. Diese Inhibitoren spielen eine bedeutende Rolle bei der Untersuchung der Atmungskette und der Einordnung ihrer Komponenten. Das Ubichinon kann man als das *Sammelbecken* für den durch die verschiedenen *Flavoproteine* angelieferten *Substratwasserstoff* betrachten.

An das Ubichinon schließt sich das *Cytochromsystem* an. Unmittelbar hinter dem Ubichinon liegt sehr wahrscheinlich das *Cytochrom b*. Zwischen beiden Komponenten der Atmungskette kommt es zu einer Umschaltung des 2-Elektronen-Transportes (2 Elektronen/pro Molekül prosthetische Gruppe/pro Übergang) auf einen 1-Elektronentransport. Von dem Wasserstoff, der von den Substraten abgespalten wurde, werden im Cytochromsystem nur noch die Elektronen übertragen. Das Ubichinon-Cytochrom c-Reduktase-System (Komplex III, s. S. 145) ist durch Antimycin A hemmbar. Der Angriffspunkt dieses Inhibitors liegt zwischen den Cytochromen b und c.

3.4.2. *Elektronenübertragender Teil der Atmungskette*

Der elektronenübertragende Teil der Atmungskette setzt sich aus den *Cytochromen b*, c_1, *c*, der *Cytochromoxidase* und O_2 als *Elektronenacceptor* zusammen. Cytochrome und Cytochromoxidase sind *Hämoproteide*, d. h. sie bestehen aus dem Häm (prosthetische Gruppe), das an Protein gebunden ist. Der Grundkörper des Häms ist das Porphyrin (Tab. 5), das bei den einzelnen Cytochromen unterschiedliche Seitenketten besitzt. Zentralatom des Ringsystems ist Fe (sowohl Fe^{++} als auch Fe^{+++}, s. Schema der Atmungskette, Abb. 32), das einem Valenzwechsel unterliegt und der eigentliche Elektronenüberträger ist.

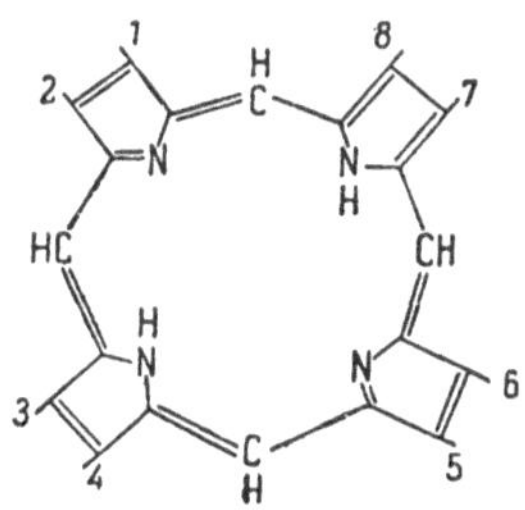

Die Eisenporphyrinverbindungen der einzelnen Cytochrome zeigen eine jeweils spezifische Lichtabsorption, die für deren Einordnung und Charakterisierung von Bedeutung ist.

Die Reihenfolge der Cytochrome in der Atmungskette wird im wesentlichen durch ihr Redoxpotential bestimmt.

10*

Tabelle 5

Seitenketten der Porphyrine verschiedener Cytochrome

Porphyrine einzelner Cytochrome	1	2	3	4	5	6	7	8
Cytochrom b (Protoporphyrin IX)	$-CH{=}CH_2$	$-CH_3$	$-CH_3$	$-CH_2-CH_2-COOH$	$-CH_2-CH_2-COOH$	$-CH_3$	$-CH{=}CH_2$	$-CH_3$
Cytochrome c (substituiertes Mesoporphyrin)	$R-S-CH(-CH_3)-$	$-CH_3$	$-CH_3$	$-CH_2-CH_2-COOH$	$-CH_2-CH_2-COOH$	$-CH_3$	$R-S-CH(-CH_3)-$	$-CH_3$
Cytochrom a (Cytohämin)	$-C(=O)H$	$-CH_2-CH_2-COOH$	$-CH_2-CH_2-COOH$	$-CH_3$	$-CH{=}CH_2$	$-CH_3$	$-CHOH-CH_2-$Farnesylpyrophosphat	$-CH_3$

Über die Stellung einiger Cytochrome herrscht noch manche Unklarheit.

In Bakterien sind die Cytochrome mit der Bakterienmembran verbunden.

Historisches: Die Cytochrome, früher als Zell- oder Cytohämine bzw. Histohämatine bezeichnet, wurden 1885/86 von MacMunn gefunden und 1925 von Keilin, von dem auch die heutige Bezeichnung und die Einteilung stammen, wiederentdeckt. Das erste Cytochrom (Cytochrom c) wurde 1937 von Keilin und Hartree isoliert. Die Zahl der zur Zeit bekannten Cytochrome ist sehr groß.

1. Cytochrom b. Sehr wahrscheinlich liegt dieses Cytochrom zwischen dem Ubichinon und dem Cytochrom c. Sein Molekulargewicht ist 28000 (Monomer). Es tendiert stark zur Aggregation und Polymerisation und erreicht dabei Partikelgewichte bis zu 4 Millionen. Cytochrom b ist sehr fest an die innere Mitochondrienmembran gebunden.

Ein anderes Cytochrom b (b_5) findet sich in Mikrosomen und kann durch $NADH_2$ mittels eines Flavinenzyms ($NADH_2$-Cytochrom-b_5-Reduktase) reduziert werden. Das reduzierte Cytochrom b_5 wird durch Cytochrom c oxidiert. Tieftemperaturspektren legen die Vermutung nahe, daß Cytochrom b_5 kein einheitliches Pigment ist.

Die Cytochrome der b-Gruppe scheinen ebenso wie die der a-Gruppe Lipoproteide zu sein.

2. Cytochrom c_1. Cytochrom c_1 ähnelt dem Cytochrom c, kann es jedoch im Elektronentransportsystem nicht ersetzen. Es ist jedoch vom Cytochrom c durch Tieftemperaturspektroskopie unterscheidbar.

Seine Stellung in der Atmungskette ist noch umstritten, wenngleich es gute Gründe dafür gibt, daß es eine Komponente des Hauptweges ist. Cytochrom c_1 ist schwerer von der Struktur ablösbar als Cytochrom c. Sein Molekulargewicht ist 37000.

3. Cytochrom c. Cytochrom c ist das am besten untersuchte Cytochrom. Seine Primärstruktur ist aufgeklärt

(s. Teil I). Das Häm ist über Thioätherbindungen an das Protein kovalent gebunden. Beteiligt sind hieran die Cysteinreste 14 und 17 der Polypeptidkette und die Gruppen 1 und 7 des Häms (s. Tab. 5). Das Häm ist tief in die Proteinspirale eingebettet. Während alle anderen Cytochrome strukturgebunden sind, läßt sich Cytochrom c leicht aus den Mitochondrien ablösen. Obwohl Cytochrom c wasserlöslich ist, soll es in den Mitochondrien in Assoziation mit Lipoproteiden auftreten.

4. Cytochromoxidase (= Cytochrom a + a_3). Die Cytochromoxidase oder das WARBURGsche Atmungsferment ist zur Seite des Sauerstoffs hin das terminale Enzym der Atmungskette. Sie besitzt eine große Affinität zum Sauerstoff, wird also zum Unterschied zu den vorher besprochenen Cytochromen mit großer Geschwindigkeit oxidiert und kann durch Cyanid oder Kohlenmonoxid gehemmt werden. Cyanid reagiert mit der drei-, Kohlenmonoxid mit der zweiwertigen Form des Häm-Eisens.

Obwohl die Cytochromoxidase fest an die Innenmembran der Mitochondrien gebunden ist, konnte sie in letzter Zeit gereinigt werden. Sie scheint aus verschieden großen Polypeptidketten zu bestehen, deren Molekulargewichte unter 20000 liegen. Das Molekül enthält neben den Häm-Gruppen noch Cu-Ionen in einem Verhältnis von Häm : Kupfer wie 1 : 1.

Während man früher zwischen einem Cytochrom a und einem Cytochrom a_3 unterschied, nimmt man heute an, daß die Cytochrome a und a_3 zwei Erscheinungsformen ein und desselben Bestandteiles der Atmungskette sind. Messungen der magnetischen Susceptibilität belegen, daß Cytochromoxidase zu 65% aus Cytochrom a und zu 35% aus Cytochrom a_3 besteht. Cytochrom a reagiert weder mit Sauerstoff noch mit Kohlenmonoxid oder Cyanid, während Cytochrom a_3 mit allen angeführten Stoffen reagiert.

Das in der Cytochromoxidase vorhandene katalytisch wirksame Cu unterliegt genau wie das Fe einem Valenzwechsel, es ist folglich offenbar an der Funktion der Cytochromoxidase beteiligt.

Historisches: Die Kenntnis, daß die Zellatmung eine Fe-Katalyse ist, stammt von WARBURG. Von ihm wurde auch die Natur der Cytochromoxidase („WARBURGsches Atmungsferment") aufgeklärt. Ausgehend von der Beobachtung, daß Kohlenmonoxid die Atmung hemmt, indem es mit komplexgebundenem Fe^{++} eine Verbindung eingeht (Eisen-Kohlenmonoxid-Komplex) und unter Berücksichtigung der Entdeckung HALDANES, daß die Fe^{++}—CO-Verbindungen photodissoziabel sind, hat WARBURG das Absorptionsspektrum der Cytochromoxidase aufgenommen. Er bestimmte den Grad der Wiederherstellung einer kohlenmonoxidgehemmten Zellatmung nach kurzzeitiger Belichtung mit monochromatischem Licht verschiedener Wellenlänge. Das Prinzip dieses Vorgehens war das GROTTHUSsche Gesetz, das besagt, daß nur dasjenige Licht bei der Photodissoziation wirksam ist, das absorbiert wird. Das Wirkungsspektrum des Lichtes entsprach also dem Absorptionsspektrum der Cytochromoxidase und wies es als Hämoproteid aus.

3.4.3. *Elektronenacceptor*

Unter physiologischen Bedingungen werden die Elektronen, die die Atmungskette durchfließen, auf Sauerstoff übertragen. Das entstehende Sauerstoff-Ion (O^{2-}) reagiert mit den Protonen, die auf der Stufe des Ubichinons gebildet wurden, unter H_2O-Bildung. Damit erreichen der Wasserstoff- und Elektronentransport durch die Atmungskette ihren Abschluß.

3.4.4. *Komplexe Teilsysteme der Atmungskette*

Mittels verschiedener Methoden ist es möglich, die *Atmungskette* der Mitochondrien in *vier partikuläre Enzymkomplexe* aufzugliedern, die jeweils *Subsysteme* der Atmungskette enthalten. Sie können folgendermaßen charakterisiert werden.

Komplex I	NADH-Ubichinon-Reduktase-System
Komplex II	Succinat-Ubichinon-Reduktase-System
Komplex III	Ubichinon-Cytochrom c-Reduktase-System
Komplex IV	Cytochrom c-Oxydase-System

Diese Komplexe stellen *Funktionseinheiten der Innenmembran* der Mitochondrien dar und besitzen jeweils eine spezifische Zusammensetzung hinsichtlich ihres Gehaltes an Enzymen, Coenzymen und prosthetischen Gruppen. Im Prozeß der Wasserstoff- und Elektronenübertragung wirken sie zusammen. Jeder Komplex enthält zusätzlich zu den in den einzelnen Abschnitten genannten Bestandteilen Eisen-Schwefel-Proteine (s. S. 138ff.). Je nach dem Komplex, dem sie zugeordnet sind, unterscheidet man vier verschiedene Gruppen von solchen Eisen-Schwefel-Proteinen, die sich untereinander in ihren Redoxpotentialen unterscheiden. Sie besitzen höchstwahrscheinlich Funktionen im Elektronentransport und im System der Energiekonservierung. Derartige Übertragungssysteme bezeichnet man deshalb auch *Energietransducerkomponenten.* Außer diesen „Fe—S-Zentren" können in den Komplexen I—IV weitere Metalle (Molybdän, Mangan oder Kupfer) nachgewiesen werden, von denen man annehmen kann, daß sie Bestandteile der Energietransducerkomponenten sind.

Gegenwärtig werden diese Systeme intensiv erforscht. Man bedient sich dabei moderner Verfahren der Tieftemperaturspektroskopie sowie der schnellen Kinetik und der Lasertechnik.

Diese Betrachtungen leiten über zu einem neuen Abschnitt, der sich damit beschäftigen wird, wie die Energie, die beim Wasserstoff- und Elektronentransport freigesetzt wird, so konserviert wird, daß sie in einer verwendungsfähigen Form den energieverbrauchenden Reaktionen in der Zelle zur Verfügung steht.

3.5. *Schicksal der bei der biologischen Oxidation freiwerdenden Energie*

Der bei der biologischen Oxidation des Wasserstoffs zum Wasser freiwerdende Betrag an freier Enthalpie ist 56,5 kcal/Mol. Von entscheidender biologischer Bedeutung ist, daß diese Energie innerhalb der Zelle zu einem wesentlichen Anteil in Form von *chemischer Energie gespeichert* wird und der Zelle nicht direkt für endergonische Reaktionen, wie Arbeitsleistung, Biosynthesen usw. verfügbar ist. Ein anderer Teil der Energie wird als Wärme frei. Die Speicherung der Energie, die bei dem Elektronenfluß vom Wasserstoff zum Wasser durch die Atmungskette frei wird, erfolgt im ATP. Dies geschieht, indem in enger energetischer Kopplung mit der Atmungskette die endergonisch ablaufende Phosphorylierung des ADP zu ATP erfolgt.

$$\text{ADP} + \text{Ⓟ} + \text{Energie} \rightarrow \text{ATP}.$$

Man bezeichnet diesen Prozeß allgemein als *oxidative Phosphorylierung*. Da dieser Vorgang in der Atmungskette abläuft, ist der speziellere Ausdruck dafür „Atmungskettenphosphorylierung". Unter oxidativer Phosphorylierung versteht man jegliche Phosphorylierung, die mit einer Oxidationsreaktion verbunden ist, unabhängig davon, ob sie auf dem Niveau der Substrate oder in der Atmungskette erfolgt. Chemisch stellt sie die Phosphorylierung von ADP zu ATP durch anorganisches Phosphat dar. Als *Atmungskettenphosphorylierung* wird die ATP-Synthese aus ADP und anorganischem Phosphat im Verlauf des Elektronentransportes durch die Atmungskette bezeichnet. Als *Substratphosphorylierung* versteht man die ATP-Bildung, die unmittelbar mit der Oxidation eines Substratzwischenproduktes verbunden ist (s. S. 195). Das Konzept der oxidativen Phosphorylierung stammt von ENGELHARDT (1930). Die Bildung von ATP in der Atmungskette wurde erstmals 1939 von BELITSER und KALCKAR unabhängig voneinander entdeckt.

ATP ist die Substanz, die die Energie für alle endergonen Prozesse der lebenden Zelle liefert (z. B. für biosynthetische Prozesse, für Membranvorgänge, für die Leistung mechanischer Arbeit usw.).

Die bei der Hydrolyse der terminalen Pyrophosphatgruppe des ATP, d. h. beim Übergang des ATP zum ADP freiwerdende Enthalpie, beträgt 7800 cal/Mol. Es ist selbstverständlich, daß der gleiche Energiebetrag für die Synthese des ATP aus ADP und anorganischem Phosphat aufgebracht werden muß. Vergleichen wir diesen Betrag mit der Energiemenge der Wasserstoffoxidation zu Wasser, so läßt sich daraus *theoretisch* ableiten, daß pro Mol oxidierten Wasserstoffs mehrere Mole ATP im Zuge der Atmungskettenphosphorylierung gebildet werden können. Wie groß ist die Zahl tatsächlich? Viele experimentelle Befunde weisen darauf hin, daß pro Mol oxidierten Wasserstoffs, oder, was dasselbe ist, pro Grammatom verbrauchten Sauerstoffs drei Mole ATP gebildet werden können. Der Phosphorylierungsquotient (P/O-Quotient) hat für die $NADH_2$-Oxidation den Wert 3. Für die Succinatoxidation hat er den Wert 2, da dieses Substrat unmittelbar durch ein Flavinenzym dehydriert wird.

$$NADH_2 + 3\,ADP + 3\,Ⓟ + {}^1/_2\,O_2 = NAD + 3\,ATP + H_2O$$

$$\text{Succinat} + 2\,ADP + 2\,Ⓟ + {}^1/_2\,O_2 = \text{Fumarat} + 2\,ATP + H_2O$$

Es ergibt sich daraus *theoretisch* unter Zugrundelegung von Standardbedingungen (s. S. 113) für die $NADH_2$-Oxidation folgende energetische Ausbeute:

$$NADH_2 + {}^1/_2\,O_2 = NAD + H_2O - 52000\ \text{cal}$$

$$3\,ADP + 3\,Ⓟ = 3\,ATP \qquad + 23400\ \text{cal}$$

Die theoretische Ausbeute an ATP beträgt somit 45%. Wie auf den Seiten 113ff. ausgeführt, spielt jedoch für die Berechnung der freien Enthalpie chemischer Reaktionen die Konzentration der Reaktanten eine wesentliche Rolle. ΔG° gilt nur für den Fall, daß sich die Verhältnisse der Ausgangskonzentrationen zu den Endprodukten wie 1:1 verhalten. Da dies für die in vivo-Verhältnisse im ATP/ADP-System jedoch nicht zutrifft, weicht die für die ATP-Synthese tatsächlich aufzuwendende Energie beträchtlich von der Grundreaktionsarbeit ΔG_0 ab, die pro Mol ATP 7,8 kcal beträgt (s. o.).

Man kann aus den genannten Gründen damit rechnen, daß unter den Bedingungen der lebenden Zellen für die ATP-Synthese 12 bis 14 kcal/Mol ATP aufgebracht werden müssen.

3.5.1. Die phosphorylierenden Schritte in der Atmungskette

Aus dem vorhergehenden Abschnitt geht hervor, daß in der intakten Atmungskette der P/O-Quotient für die Oxidation von $NADH_2$ gleich 3 ist. Substrate, die erst nach den Pyridinnucleotiden in die Atmungskette einmünden (Succinat, Cytochrom c_{red} usw.), liefern niedrigere P/O-Quotienten. Der P/O-Quotient bei Succinatoxidation beträgt 2 und der bei Oxidation von Cytochrom c_{red} ist 1. Die drei Phosphorylierungsregionen (I, II, III) lassen sich folgendermaßen lokalisieren:

I zwischen $NADH_2$ und Ubichinon
II zwischen Ubichinon und Cyt. c
III zwischen Cytochromoxydase und Sauerstoff.

Auf jedem dieser Niveaus entsteht ein Molekül ATP. Die Änderungen der *freien Enthalpie pro übertragenes Elektronenpaar* in den drei genannten Abschnitten der Atmungskette sind:

Phosphorylierungsregion I:
NADH → Ubichinon; $\Delta G^\circ = -17$ kcal

Phosphorylierungsregion II:
Ubichinon → Cytochrom c; $\Delta G° = -14{,}7$ kcal

Phosphorylierungsregion III:
Cytochromoxydase → $^1/_2 O_2$; $\Delta G° = -20{,}2$ kcal.

3.5.2. Die Mechanismen der Atmungskettenphosphorylierung

Dem *Mechanismus der Kopplung* zwischen dem Elektronentransport in der Atmungskette und den Phosphorylierungsreaktionen fällt die *Aufgabe* zu, die Oxidationsenergie des Wasserstoffs so aufzufangen, daß sie nicht vollständig in Wärme übergeht, sondern in *chemische Bindungsenergie des ATP überführt wird.* Auf Grund der strukturellen und funktionellen Komplexität der Innenmembran der Mitochondrien als Sitz des Systems des Elektronentransportes und der Atmungskettenphosphorylierung, ist trotz großer Anstrengungen vieler Forscher der Feinmechanismus der Atmungskettenphosphorylierung noch mit vielen Geheimnissen umgeben.

Von den Theorien der Kopplung von Elektronentransport und Phosphorylierung werden im folgenden die Grundzüge der *chemischen Kopplungstheorie* und die der *chemiosmotischen Theorie* besprochen.

3.5.2.1. Die Theorie der chemischen Kopplung zwischen Elektronentransport und Phosphorylierung

Diese Theorie (Slater, Chance, Lehninger) geht davon aus, daß der Energiebetrag, der beim Elektronentransport von einer Komponente der Atmungskette zur nächsten freigesetzt wird, zum Aufbau einer *energiereichen Zwischenverbindung* zwischen einer *Komponente der Atmungskette* und einem *Bestandteil des Phosphorylierungssystems* dient.

In einer Folge von Reaktionen, die sich daran anschließt, soll dann schließlich die ATP-Synthese vollzogen werden. Die einzelnen Schritte würden wie folgt verlaufen:

$$AH_2 + B + C \rightleftharpoons A \sim C + BH_2 \qquad (1)$$

$$A \sim C + \textcircled{P} \rightleftharpoons A + C \sim \textcircled{P} \qquad (2)$$

$$C \sim \textcircled{P} + ADP \rightleftharpoons ATP + C. \qquad (3)$$

A und B sind in diesem Schema Komponenten der Atmungskette, C ist ein Bestandteil des Phosphorylierungssystems; letzteres bildet zunächst intermediär eine energiereiche Verbindung mit A (*Reaktion 1*), danach mit anorganischem Phosphat (*Reaktion 2*) und überträgt dieses schließlich auf ADP unter Bildung von ATP (*Reaktion 3*). Die Theorie beinhaltet, daß es drei derartige Übertragungssysteme in der Atmungskette gibt, die auf die drei Phosphorylierungsregionen verteilt sind.

Als Komponenten AH_2 der Atmungskette im Sinne dieser Theorie könnten die reduzierten Formen von NAD, Cytochrom b und Cytochrom a in Betracht kommen.

Damit würde verständlich, daß die Hintereinanderschaltung von mehreren Redoxsystemen in der Atmungskette biologisch sinnvoll ist. Es wird die Energie der Knallgasreaktion in einzelne „Energiepakete" aufgeteilt, von denen drei dem ATP energetisch nahezu äquivalent sind. Das *Elektronentransport-* und das *Atmungskettenphosphorylierungssystem* wird dadurch als eine *funktionelle Einheit* deutlich, die ihrer biologischen Funktion, der schrittweisen Entbindung von Energie und ihre Konservierung in Form von chemischer Energie optimal angepaßt ist.

Es liegt auf der Hand, daß man nach mitochondrialen Substanzen suchte, die als *Verbindungsglieder* zwischen Elektronentransport und ATP-Synthese fungieren könnten. Tatsächlich konnten aus fragmentierten Mitochondrien Kopplungsfaktoren gewonnen werden, die in der Lage waren, in submitochondrialen Partikeln von Herzmitochondrien, die nur noch Elektronentransport zeigten, jedoch keinerlei ATP-Synthese aufwiesen, die Fähigkeit der Atmungskettenphosphorylierung zu restituieren. Bei der Fragmentierung der Mitochondrien gehen diese Verbindungsglieder offensichtlich verloren, ihre Zugabe gibt diesen Partikeln die Fähigkeit der ATP-Synthese zurück. Ein solcher Faktor ist ein Protein mit einem Molekulargewicht von 300000, das eine ATPase enthält. Es wird bei niedriger Temperatur inaktiviert (RACKER).

Im Laboratorium von RACKER wurden weitere lösliche Membranfaktoren der Mitochondrien isoliert, die in der Lage sind, die Fähigkeit von Mitochondrienfragmenten zur Atmungskettenphosphorylierung schrittweise wiederherzustellen.

3.5.2.2. Die chemiosmotische Theorie der oxidativen Phosphorylierung

Die Grundlage dieser Theorie (MITCHELL) ist die *Impermeabilität* der *inneren Mitochondrienmembran* für *Protonen*, die zur Ausbildung eines *Protonengradienten* auf beiden Seiten dieser Membran führt. Der Gradient kommt durch eine anisotrope Anordnung der Komponenten der Atmungskette zustande, die dazu führt, daß die beiden Protonen des von den Substraten jeweilig abgespaltenen Wasserstoffpaares nach außen abgegeben werden, während die Elektronen von den Redoxsystemen aufgenommen werden.

Der *Protonengradient* ist nach dieser Theorie die *Triebkraft* für die *Synthese des ATP*, die durch das Enzym ATPase durch Umkehrung der Hydrolysereaktion katalysiert wird:

$$\text{ADP} + \text{Ⓟ} \rightarrow \text{ATP} + H_2O.$$

Auch die *Membran-ATPase* ist anisotrop angeordnet, so daß auch sie *vektoriell* zu wirken vermag. Die chemiosmotische Theorie nimmt also vektorielle Transportmechanismen an, so daß sie keine energiereichen Zwischenverbindungen zwischen den Komponenten der Atmungskette und denen des Phosphorylierungssystems zu postulieren braucht.

Das Kernstück dieser Theorie ist die Vorstellung von der *Umkehrung der ATPase-Wirkung*. Begünstigt wird die Umkehrung dieser Reaktion dadurch, daß dieses Enzym ein Bestandteil des Lipoproteid-Systems der Membran ist, so daß man annehmen kann, daß sich sein aktives Zentrum in einer hydrophoben Umgebung befindet, in dem die Aktivität des Wassers sehr niedrig ist und schon dadurch die ATP-Synthese begünstigt sein könnte.

Während durch die vektorielle Anordnung der Komponenten der Atmungskette Protonen direkt nach außen transportiert werden, kommt durch die Umkehrung der ATPase-Wirkung und infolge ihrer vektoriellen Anordnung indirekt eine Abgabe von Protonen nach innen zustande. Die Abgabe der Protonen nach innen hat vom Mechanismus her ihre Ursache in der „O^{--}-Translocase"-Wirkung des ATPase-Systems (s. weiter unten). Experimentell wurde gefunden, daß pro Mol synthetisiertes ATP zwei Protonen außen verschwinden. Da nun aber pro Molekül oxidiertes Substrat drei Moleküle ATP gebildet werden, müssen insgesamt sechs Protonen nach außen abgegeben werden. Hieraus wurde abgeleitet, daß z. B. die NADH-abhängige Atmungskette aus drei „Schleifen" aufgebaut sei, von denen jede in der Lage sein müßte, zwei Protonen nach außen abzugeben. Dadurch wird erreicht, daß den aufgenommenen 6 Protonen, die für die Synthese von drei Molekülen ATP notwendig sind, auch tatsächlich 6 von der Atmungskette abgegebene Protonen gegenüberstehen. Das Succinatoxidationssystem enthält nur zwei derartige „Schleifen".

Aus der Abb. 34 gehen die Anordnung der Schleifen und der Wirkungsmechanismus des ATPase-Systems hervor. Die ATP-Synthese vollzieht sich in diesem Modell nicht in einem Schritt, sondern läuft stufenweise ab, so daß der erforderliche Effekt, nämlich die O^{--}-Translocierung nach außen (s. o.), tatsächlich erreicht wird.

Hieran sind die ionisierbaren Gruppen YOH und XH des ATPase-Systems beteiligt, von denen YOH ein —COOH-

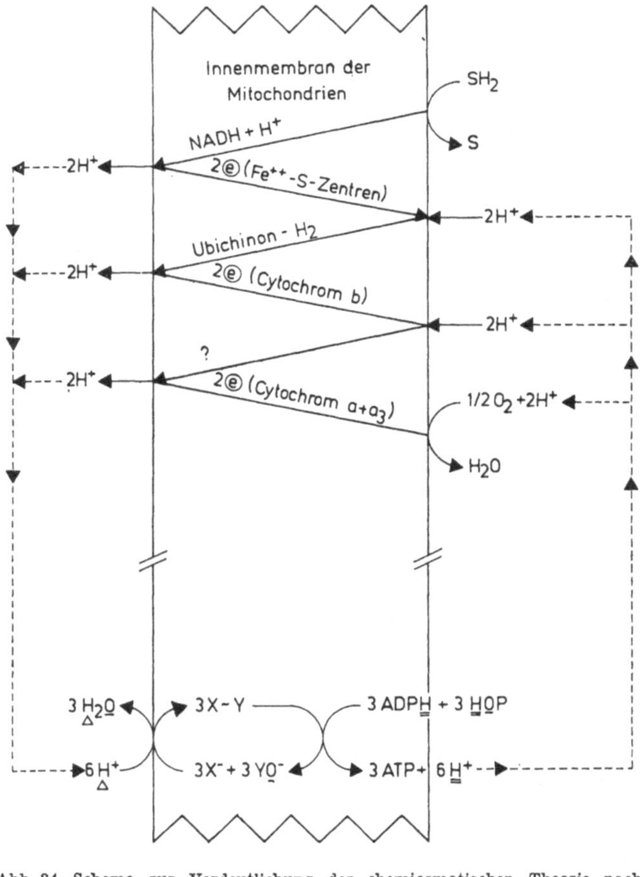

Abb. 34. Schema zur Verdeutlichung der chemiosmotischen Theorie nach MITCHELL

Gruppe und —XH eine —SH-Gruppe am Enzymprotein sein könnte. Das O^{-} wird in diesem Modell durch die Wirkung von X^{-} und YO^{-} nach außen transportiert, während das energiereiche Anhydrid $X{\sim}Y(-\overset{\displaystyle O}{\overset{\|}{C}}-S-)$ als Zwischenprodukt der ATP-Synthese dient. Die Verbindung $X{\sim}Y$ der chemiosmotischen Theorie unterscheidet sich von dem energiereichen Produkt der chemischen Kopplungstheorie darin, daß an ihm keine Komponente der Atmungskette beteiligt ist. Zum besseren Verständnis der Herkunft und des Schicksals der an der Reaktion beteiligten H- und O-Atome sind diese in Abb. 34 jeweils besonders durch Querstriche und Dreiecke gekennzeichnet.

Man beachte, daß vier Moleküle Wasser gebildet werden, von denen eines auf die Atmung und drei auf die ATP-Synthese aus ADP und Ⓟ entfallen.

Aus den Darlegungen geht hervor, daß die Membran zwei entgegengesetzt verlaufende, vektorielle Protonenbewegungen koppelt, nämlich die von innen nach außen gerichtete, die durch den Elektronentransport verursacht wird, und die Protonenfreisetzung nach innen, die durch die vektorielle Wirkungsweise des ATPase-Systems erfolgt.

Von Bedeutung ist, daß das durch die Tätigkeit der Atmungskette hervorgerufene Protonenungleichgewicht jedoch nicht ausreicht, um das für die ATP-Synthese erforderliche Membranpotential hervorzurufen. Diese setzt sich aus allen elektrischen und osmotischen Potential- und Druckdifferenzen zusammen, so daß deren Gesamtsumme als die eigentliche treibende Kraft der ATP-Synthese angesehen werden muß.

Beide Theorien, die Theorie der chemischen Kopplung und die chemiosmotische Theorie stehen sich zwar konträr, aber gleichberechtigt gegenüber, und es ist heute nicht möglich, die eine oder die andere eindeutig anzuerkennen oder zu widerlegen. In neuerer Zeit wurde unter dem Eindruck der Fortschritte der Proteinforschung die Theorie entwickelt, daß Energiespeicherung und -übertragung durch energieverbrauchende Konformationsänderungen von Enzymen oder anderen Proteinkomponenten der Atmungskette erfolgen könnten. Die Energiedifferenz zwischen zwei Komponenten der Atmungskette könnte nach dieser Theorie in einer besonderen energiereichen Konformation kurzfristig gespeichert und danach zur Synthese des ATP direkt benutzt werden. Auch zu diesem Mechanismus kann noch nicht endgültig Stellung genommen werden.

Im folgenden Kapitel besprechen wir die Entkopplung der Atmungskettenphosphorylierung und stellen dabei die Frage, welche Beiträge hierzu die beiden ausführlich abgehandelten Theorien der oxidativen Phosphorylierung leisten können.

3.5.3. Entkopplung der oxidativen Phosphorylierung

Durch Zugabe bestimmter Substanzen zu atmenden und ATP-synthetisierenden Mitochondrien ist es möglich, die Verbindung zwischen Elektronentransport und ATP-Synthese zu unterbrechen und dadurch die ATP-Synthese zu unterbinden. Man bezeichnet solche Substanzen als *Entkoppler*. Sie beeinflussen den Kopplungsapparat, indem sie die ATP-Synthese verhindern; sie führen zu einem Verlust energiereicher Verbindungen oder energiereicher Zustände in den Mitochondrien. Sie unterbrechen nicht den Elektronentransport, so daß die Atmung durch sie nicht gehemmt wird. In kleinen Konzentrationen bewirken sie sogar eine Steigerung der Atmung. Solche Entkoppler sind Phenole, Dikumarol, Benzimidazole, Thiophene, Arsenat, Salizylsäurederivate usw. Daneben gibt es *Inhibitoren der Atmungskettenphosphorylierung*, z. B. Oligomycin und Aurovertin. Ihre Wirkungsweise besteht darin, daß sie sowohl die Atmungskettenphosphorylierung als auch den Elektronentransport hemmen. Von beiden Gruppen muß man die eigentlichen *Inhibitoren des Elektronentransportes* wie Cyanid, Kohlenmonoxid, Antimycin A, Rotenon, Amytal usw. strikt unterscheiden.

Eine Entkopplung kann auch bei Schwellung der Mitochondrien in hypotonen Lösungen sowie nach Gefrieren und Auftauen, nach Ultraschallbehandlung und nach anderen Einwirkungen beobachtet werden.

Wie erklärt man die Wirkungsweise der Entkoppler und die der Inhibitoren der oxidativen Phosphorylierung im Lichte der Theorie der chemischen Kopplung und der chemiosmotischen Theorie?

Die nach der chemischen Kopplungstheorie als energiereiche Zwischenprodukte der oxidativen Phosphorylierung vom Typus A$\sim$C entstehenden Verbindungen werden durch die Entkoppler hydrolytisch gespalten, indem folgende Reaktionen stattfinden (vgl. mit der Reaktionsfolge auf S. 151). (Φ stellt den Entkoppler, z. B. 2,4-Dinitrophenol dar):

$$A \sim C + \Phi \rightarrow A + C - \Phi \quad (4)$$

$$C - \Phi + H_2O \rightarrow C + \Phi. \quad (5)$$

Der Entkoppler konkurriert demzufolge mit dem Phosphat um die energiereiche Zwischenverbindung A$\sim$C und führt zu deren Spaltung, so daß die ATP-Synthese unterbrochen wird. Die Entkoppler stimulieren darüber hinaus auch die ATPase-Wirkung der Mitochondrien. Deren Ursache ist, daß in Gegenwart der Entkoppler die Reaktionen 3 und 2 auf S. 151 verstärkt von rechts nach links verlaufen und die Reaktionen (4) und (5) schließlich die Hydrolyse des ATP bewirken.

Mit dieser Vorstellung steht die Beobachtung im Einklang, daß Entkoppler die Atmung zu steigern vermögen und so die Mitochondrien unabhängig von ADP als Phosphatacceptor und von Ⓟ machen.

Im Gegensatz zu den Entkopplern greifen die Hemmstoffe der oxidativen Phosphorylierung Oligomycin und Aurovertin hemmend in die Reaktionen (2) bzw. (3) ein, ohne eine Hydrolyse der Zwischenprodukte zu bewirken. Dadurch wird nicht nur die ATP-Synthese, sondern auch der Elektronentransport gehemmt. In Übereinstimmung mit ihren eben erwähnten Angriffspunkten sind Oligomycin und Aurovertin auch in der Lage, die durch 2,4-Dinitrophenol stimulierte ATPase zu hemmen. Auch die Hemmstoffe Rotenon, Amytal und Antimycin hemmen sowohl den Elektronentransport als auch ATP-Bildung. Wie auf S. 159 ausgeführt, besitzen sie andere Angriffspunkte als Oligomycin und Aurovertin. Diese befinden sich in jeweils verschiedenen Regionen der Elektronentransportkette.

Eine andere Theorie der Wirkungsweise der Entkoppler besagt, daß sie als Anionen schwacher Säuren durch Benutzung einer fraglichen Anionenpumpe in die Mitochondrien unter Verbrauch von ATP gelangen und als undissoziierte Säure passiv wieder austreten. Es wurde die Vorstellung entwickelt, daß die Entkoppler das Aufnahmesystem der Substratanionen in die Mitochondrien benutzen, so daß mit dieser Vorstellung die Beobachtung erklärt werden sollte, daß höhere Konzentrationen von Entkopplern die Substratoxidation in den Mitochondrien hemmen können.

Unter Zugrundelegung der chemiosmotischen Hypothese läßt sich die Wirkung der Entkoppler auf eine Erhöhung der Protonenpermeabilität der inneren Mitochondrienmembran zurückführen. Da die meisten Entkoppler schwache Säuren sind und leicht in undissoziierter Form die Lipoproteidschicht der inneren Mitochondrienmembran passieren können, heben sie den Protonengradienten auf und beseitigen damit die Triebkraft für die ATP-Synthese. Ein Kreislauf in der Bewegung des Entkopplers entsteht dadurch, daß sein lipidlösliches Anion Φ^- auf Grund des sich ausbildenden Konzentrationsgradienten nach außen zurückdiffundieren kann. Von Interesse ist die Tatsache, daß sich diese Wirkung der Entkoppler auch an künstlichen Phospholipidmembranen nachweisen läßt, indem sie in der Lage sind, deren elektrische Leitfähigkeit zu erhöhen.

Aus dem Gesagten wird deutlich daß sich die beobachteten Effekte und die Wirkungsweisen von entkoppelnden

Substanzen sowohl durch die Theorie der chemischen Kopplung als auch durch die chemiosmotische Theorie der oxidativen Phosphorylierung verständlich machen lassen.

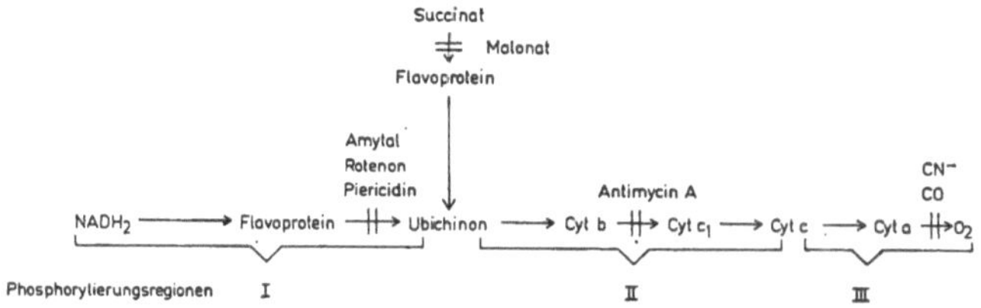

3.5.4. *Teilreaktionen der Atmungskettenphosphorylierung*

An Digitoninfragmenten aus Membranen von Rattenlebermitochondrien, die zwar noch oxidieren und phosphorylieren, jedoch nicht mehr den Citrat-Cyclus katalysieren, aber auch an intakten Mitochondrien wurden sogenannte *Teilreaktionen der oxidativen Phosphorylierung* untersucht. Einzeln verlaufen sie alle mit größerer Geschwindigkeit als die gesamte oxidative Phosphorylierung. Man unterscheidet folgende Teilreaktionen, die durch Entkoppler gehemmt werden:

1. ^{32}*P-ATP-Austausch*: der ^{32}P-ATP-Austausch besteht in einem Einbau von ^{32}P in die terminale Phosphatgruppe des ATP. Er entspricht den Reaktionen 2 und 3 der chemischen Kopplungstheorie der oxidativen Phosphorylierung (s. S. 151). Der ^{32}P-ATP-Austausch läuft mit Maximalgeschwindigkeit ab, wenn die Komponenten der Atmungskette völlig oxidiert sind. Die Reaktionsgeschwindigkeit ist ADP-, ATP- und Ⓟ-abhängig. Die Geschwindigkeit dieser Teilreaktion ist in submitochondrialen Systemen kleiner als in intakten Mitochondrien.

2. *ATP-ADP-Austausch*: Diese Austauschreaktion könnte die Reaktion 3 auf S. 151 darstellen. Der ATP-ADP-Austausch ist Ⓟ-unabhängig. Die Reaktion wird durch ein Protein katalysiert, das 150fach gereinigt werden konnte, sehr stabil ist, ein niedriges MG besitzt und Mg^{++} oder Mn^{++} als Cofaktor benötigt. Ein ATP-ADP-Austausch kann jedoch auch durch andere Enzyme (Adenylatkinase) bewirken werden.

3. H_2O^{18}-Ⓟ-Austausch:

$$H_2O^{18} + PO_4H_2^- \rightleftharpoons PO^{18}O_3H_2^- + H_2O.$$

Diese Reaktion könnte eine Teilreaktion von (2) auf S. 151 sein.

4. H_2O^{18}-ATP-Austausch:

$$H_2O^{18} + A{-}R{-}Ⓟ{\sim}Ⓟ{\sim}PO_3H_2 \rightleftharpoons A{-}R{-}Ⓟ{\sim}Ⓟ{\sim}PO^{18}O_2H_2 + H_2O.$$

Ein solcher Austausch tritt durch das Zusammenwirken von Reaktion 2 und 3 (ebenfalls S. 151) ein.

Außerdem findet man in Mitochondrien eine ATPase-Wirkung, die durch die Rückreaktion von Reaktion 3 mit nachfolgender Hydrolyse von C∼P zustandekommen könnte.

3.5.5. *Atmungskontrolle*

Mitochondrien, deren Atmung sich im Zustand *fester Kopplung* mit der Atmungskettenphosphorylierung befindet, zeigen das Phänomen der *Atmungskontrolle*. Darunter wird die Abhängigkeit der Sauerstoffaufnahme von der Anwesenheit des Phosphatacceptors ADP und von anorganischem Phosphat, sowie die Bremsung bzw. sogar die Umkehrung des Elektronentransportes durch ATP verstanden. Die Abhängigkeit des Elektronentransportes von den Komponenten des ADP-/ATP-Systems ist ein Ausdruck der Feinabstimmung des energiebereitstellenden Enzymsystems innerhalb der Mitochondrien und unterstreicht die funktionelle Einheit von Elektronentransport und oxidativer Phosphorylierung.

Die Atmung der Mitochondrien läuft solange ungeschmälert ab, solange ADP und anorganisches Phosphat ausreichend zur Verfügung stehen. Tritt ein Mangel an einem der beiden Substrate ein, kommt es zu einer Atmungshemmung. Diese kann durch die Zugabe von ADP und anorganischem Phosphat wieder aufgehoben werden. Auf Grund der Darlegungen in den vorangegangenen Kapiteln wird es verständlich, daß Entkoppler die Reaktionsfähigkeit der mitochondrialen Atmung gegenüber dem ADP/ATP-System schwächen bzw. völlig aufheben.

Die Statuseinteilung der Mitochondrienfunktion nach CHANCE berücksichtigt diese Verhältnisse (Tab. 6).

Die Empfindlichkeit und Reaktionsfähigkeit der Mitochondrienatmung gegenüber dem ADP wird durch den *Atmungskontrollquotienten* („acceptor control ratio") quantitativ ausgedrückt.

Tabelle 6

Statuseinteilung der Zellatmung nach CHANCE

Status	Sauerstoff	Substrat	P + ADP	Atmung	Bezeichnung
1	Überschuß	endogen	endogen	niedrig	
2	Überschuß	fast 0	Überschuß	sehr niedrig	Zustand der Verarmung (an Substrat)
3	Überschuß	Überschuß	Überschuß	hoch	aktiver oder unkontrollierter Zustand
4	Überschuß	Überschuß	0	niedrig	inaktiver oder Ruhezustand, Zustand d. Atmungskontrolle
5	0	Überschuß	Überschuß	0	anaerober Zustand

Darunter wird der Quotient des Verhältnisses der Atmungsgeschwindigkeit in Gegenwart von ADP zu der in seiner Abwesenheit bezeichnet.

$$\text{Atmungskontrollquotient} = \frac{\text{Atmungsgeschwindigkeit nach Zugabe von ADP}}{\text{Atmungsgeschwindigkeit in Abwesenheit von ADP}}$$

Im Zustand fester Kopplung weisen Mitochondrien Atmungskontrollquotienten von 20 bis 40 auf, d. h. Zugabe von ADP vermag die Atmung von Mitochondrien, die sich im Zustand der ADP-Verarmung befinden, um das 20- bis 40fache zu steigern. Dabei tritt ein Übergang der Mitochondrien aus dem Status 4 in den Status 3 ein (Tab. 6). Wenn das zugesetzte ADP verbraucht ist, dann wird die Atmung wieder erniedrigt.

„Lose“ gekoppelte Mitochondrien reagieren wesentlich schwächer und völlig „entkoppelte“ reagieren in ihrer Atmungsgeschwindigkeit überhaupt nicht auf ADP-Zugabe. Ihre Atmung ist auch in Abwesenheit von ADP hoch (Abb. 35).

3.5.6. *Reduktionsgrad der Komponenten der Atmungskette*

Der Reduktionsgrad der Komponenten der Atmungskette, d. h. das Verhältnis

$$\frac{\text{reduzierte Form}}{\text{red.} + \text{oxid. Form}}$$

ist von drei veränderlichen Größen abhängig.

1. der Substratkonzentration,
2. der Anlieferung von Sauerstoff und
3. der Kopplung der Oxidation („Energieproduktion“) mit der Phosphorylierung („Energiekonservierung“).

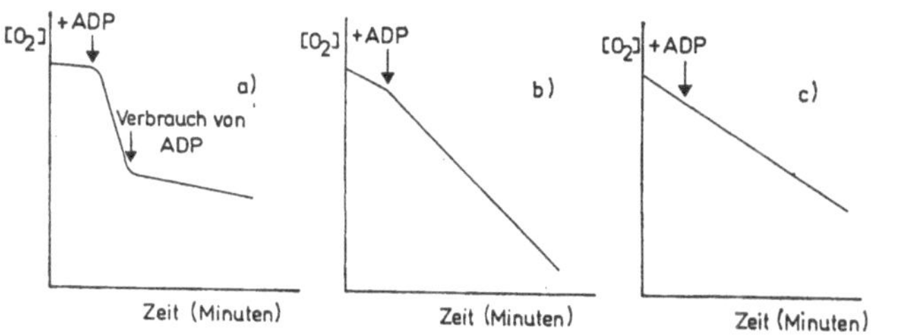

Abb. 35. Atmungskontrolle in Mitochondrien
a) „fest" gekoppelte Mitochondrien; b) „lose" gekoppelte Mitochondrien; c) „entkoppelte" Mitochondrien

Der Reduktionsgrad der Partner der Atmungskette hängt davon ab, in welchem Status sich die Mitochondrien befinden (Tab. 7).

Aus der Darstellung geht hervor, daß der Reduktionsgrad im inaktiven oder Ruhezustand (Status 4) kontinuierlich vom NAD^+ zum Cytochrom a abfällt. Beim Über-

Tabelle 7

Reduktionsgrad der Komponenten der Atmungskette (in Anlehnung an Chance)

Status	% reduzierte Form Pyridin-nucleotide	Flavo-proteide	Cytochrome b	c	a	Cytochrom-oxydase
2	0	0	0	0	0	0
3	53	20	16	6	4	0
4	>99	40	36	14	0	0
5	100	100	100	100	100	100

gang in den aktiven Zustand (Status 3), z. B. bei schrittweiser Zugabe begrenzender Mengen von ADP erhöht sich die Atmung und es vermindert sich der Reduktionsgrad aller Partner der Atmungskette mit Ausnahme von Cytochrom a, bei dem sich der Reduktionsgrad gegenüber Status 4 erhöht. Trägt man die Reduktionsgrade in diesen beiden Zuständen in ein Koordinatensystem ein, so entsteht ein Schnittpunkt, der zwischen Cytochrom c und

Cytochrom a liegt (Cross-over-point, Abb. 36). Dieser Punkt repräsentiert einen begrenzenden Schritt in der Atmungskette. Er verschwindet bei Zugabe von weiterem ADP. Man kann bei unterschiedlichen ADP-Konzentrationen drei solcher „Cross-over-points“ nachweisen. Es

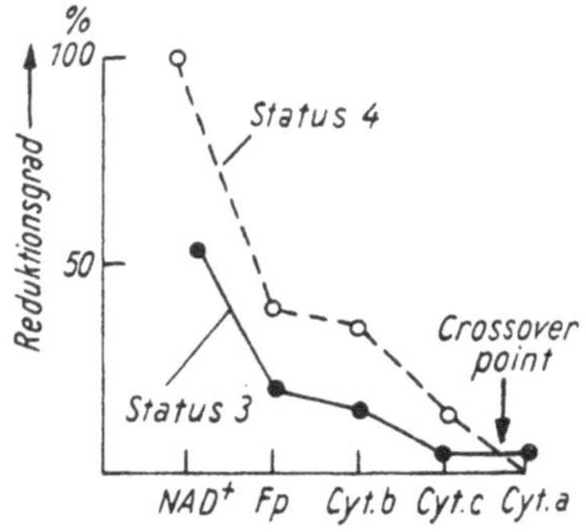

Abb. 36. „Crossover-point“

liegt nahe, sie mit den Orten der Atmungskettenphosphorylierung in Beziehung zu setzen. Sie stimmen mit den aus anderen Versuchen ermittelten Orten überein.

3.5.7. *Umkehr der Atmungskette bzw. der oxidativen Phosphorylierung*

Die Reduktion des mitochondrialen NAD^+ in Gegenwart von nicht-NAD^+-spezifischen Substraten (Glycerin-1-phosphat, Succinat) ist eine allgemeine Eigenschaft intakter Mitochondrien. Dieser Effekt, von CHANCE und HOLLUNGER (1955) an Nierenmitochondrien unter anaeroben und von KLINGENBERG an Flugmuskelmitochondrien unter aeroben Bedingungen beobachtet, stellt eine Umkehr der oxidativen Phosphorylierung bzw. der Atmungskette dar. Die Reduktion des NAD^+ durch

Succinat oder Glycerin-1-phosphat (als Reduktionsmittel) erfordert freie Enthalpie, die entweder energiereichen Intermediärprodukten der oxidativen Phosphorylierung oder dem intramitochondrialen ATP entnommen wird. Auch exogenes ATP kann von Lebermitochondrien für die Umkehr des Elektronentransportes benutzt werden. Die succinatinduzierte Reduktion der Pyridinnucleotide wird durch Entkoppler gehemmt.

3.6. Die Mitochondrien

Wie aus den Darlegungen in den vorangegangenen Abschnitten hervorgeht, sind die Prozesse der Atmungskette und die der oxidativen Phosphorylierung in den Mitochondrien lokalisiert. Darüber hinaus enthalten die Mitochondrien weitere Stoffwechselsysteme, z. B. den Citronensäurecyclus, den Harnstoffcyclus usw. In den folgenden Abschnitten wollen wir uns mit einigen strukturellen und funktionellen Eigenschaften von isolierten Mitochondrien beschäftigen, die uns die Bedeutung dieser Organellen für den Zellstoffwechsel deutlich werden lassen.

Mitochondrien sind stäbchenförmige oder ovale Partikel mit den Abmessungen 0,5—3 $\mu \times 0{,}1$ bis 0,5 μ (Längsschnitt eines Mittochondrions Abb. 37). Die Form der Mitochondrien ist abhängig vom Funktionszustand, von der Zellart, der Art der Isolierung sowie der Fixierungs- und Färbungsmethode. Der Längsschnitt eines Mitochondrions (Abb. 37) läßt erkennen, daß das Lumen des Mitochondrions von einer *Doppelmembran* umgeben ist.

Die Doppelmembran besteht aus:

a) *der glatten Außenmembran*, die das Mitochondrion nach außen abdichtet und an die die rotenonunempfindliche NADH-Cytochrom-c-Reduktase, die Monoaminooxydase, sowie Synthetasen für Fettsäuren und Phospholipide, z. B. Acetyl-CoA-Synthetase, gebunden sind.

b) dem Raum zwischen den Membranen, in welchem u. a. Adenylatkinase enthalten ist und

c) *der Innenmembran*; Ausstülpungen dieser Innenmembran in das Lumen des Mitochondrions werden als *Cristae mitochondriales* bezeichnet. An die Innenmem-

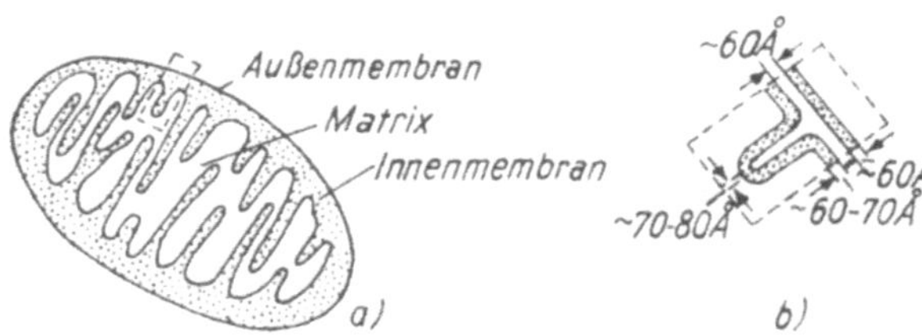

Abb. 37. (a) Längsschnitt eines Mitochondrions, (b) Dicke der Membran und Zwischenräume

bran sind folgende Enzyme gebunden: die Enzyme der Atmungskette in Form der Komplexe I—IV, die im Abschnitt 3.4.4. besprochen wurden und Kopplungsfaktoren für die oxidative Phosphorylierung, die β-Hydroxibuttersäuredehydrogenase, die meisten pyridinnucleotidabhängigen Dehydrogenasen des Citronensäurecyclus, sowie die Succinatdehydrogenase und die Glutamatdehydrogenase.

Sowohl die Innen- als auch die Außenmembran sind Doppelschichten aus Lipid und Protein. 20% des Trokkengewichtes von Rinderherzmitochondrien sind Lipide (insbesondere Phospholipide). Als wichtiges Lipid findet man in den Mitochondrien das Cardiolipin. Die Außenmembran der Mitochondrien kann z. B. durch Ultraschall abgelöst werden. Bei Extraktion der neutralen Lipide (z. B. des Ubichinons) ist der Elektronentransport blockiert. Eine Wiederherstellung der Oxidationskette ist durch Zusatz von Ubichinon möglich.

Das Lumen des Mitochondrions, das von der Innenmembran begrenzt wird, wird von der sog. *Matrix*, einem kontraktilen Netzwerk, ausgefüllt. Die Matrix besteht unter anderem aus einem Strukturprotein, einer actinähnlichen und einer myosinähnlichen Substanz. In der wäßrigen Phase zwischen den Maschen befinden sich die Coenzyme NAD^+, $NADP^+$ und Coenzym A.

Die Zahl der Mitochondrien pro Zelle schwankt zwischen 20—24 (Spermatozoen) und 500000 (Amöbe *Chaos chaos*). Die durchschnittliche Zahl für Leberzellen liegt bei 800, für Nierentubuluszellen bei 300. Tumorzellen enthalten im allgemeinen weniger Mitochondrien als normale Zellen. Mitochondrien nehmen in Leberzellen (Ratte) 18,6% des Gesamtzellvolumens und 22% des Cytoplasmavolumens ein.

Für die Präparation von Mitochondrien der verschiedenen Gewebe existieren zahlreiche Verfahren. Ziel aller Methoden ist es, die Mitochondrien so schonend wie möglich zu isolieren und im Isolierungsmedium zellphysiologische Verhältnisse beizubehalten. Während früher die Mitochondrienpräparation teilweise in Elektrolytlösungen (bevorzugt KCl) erfolgte, benutzt man heute entweder hypertone oder isotone Lösungen von Nichtelektrolyten (Saccharose, Mannit), da Elektrolyte häufig zur Aggregation der Mitochondrien führen. Die Verwendung von Saccharose, Mannit und ähnlichen Verbindungen scheint außerdem insofern günstig zu sein, als diese Stoffe sowohl die Schwellung als auch die Kontraktion der Mitochondrien hemmen. Mitochondrien können durch Differential- oder Dichtegradientenzentrifugation eines Zell- oder Gewebshomogenates gewonnen werden.

3.6.1. *Schwellung und Kontraktion von Mitochondrien*

Mitochondrien haben die Fähigkeit zur Schwellung und zur Kontraktion.

Man unterscheidet zwei Arten von Veränderungen des Volumens, eine *passive* und eine *aktive Volumenänderung*.

Passive Volumenänderungen sind solche, die auf Grund

der Osmolarität des Mediums, in dem sich die Mitochondrien befinden, erfolgen. Mitochondrien sind empfindliche Osmometer, die in hypertonen Medien schrumpfen, in hypotonen Lösungen dagegen schwellen und schließlich platzen. Schon bei der Schwellung kommt es zu einer Freisetzung von Enzymproteinen und von gebundenem NAD^+. Die Folge der Schwellung ist meist eine Hemmung der oxidativen Phosphorylierung. Latente Enzyme können durch Schwellung manifest werden (z. B. ATPase).

Die Schwellung läßt sich an Hand der Trübungsabnahme einer Mitochondriensuspension messend verfolgen.

Die *aktiven Änderungen des Volumens* sind *energieabhängig* und vollziehen sich im engen Zusammenhang mit dem Elektronentransport und der Phosphorylierung: Rattenlebermitochondrien, die sich im Status 4 nach CHANCE befinden (d. h. Überschuß an Substrat und Sauerstoff, Mangel an ADP; Atmung niedrig), schwellen. Werden sie durch ADP-Zusatz in den Status 3 (d. h. Überschuß an Substrat, Sauerstoff und ADP; Atmung stark erhöht) überführt, so geht die Schwellung zurück. Durch diese Kontraktion wird aktiv Flüssigkeit aus den Mitochondrien entfernt. Ein derartiger Vorgang wird als Schwellungs-Kontraktions-Cyclus bezeichnet. Die aktiven Volumenänderungen werden in eine aktive Schwellung und eine aktive Kontraktion unterteilt.

Die Stoffe, die eine Schwellung hervorrufen, sind: Ca^{++}, anorganisches Phosphat, freie Fettsäuren, Thyroxin, Oxytocin, Vasopressin usw. Zahlreiche Antibiotika, die einen Ionentransport in die Mitochondrien hervorrufen, verursachen ebenfalls eine energieabhängige Schwellung der Mitochondrien.

Morphologische Veränderungen im Verlauf der Schwellung bestehen in einer Vergrößerung des Mitochondriendurchmessers sowie in der Entstehung kolbenförmig aufgetriebener Cristae.

Geschwollene Mitochondrien kontrahieren sich in dem

Maße wie die oxidative Phosphorylierung anläuft. Auch ein ATP-Zusatz zu geschwollenen Mitochondrien verursacht eine Kontraktion, besonders dann, wenn gleichzeitig Mg^{++} oder Mn^{++} anwesend sind. Während der Kontraktion wird wahrscheinlich ATP hydrolysiert. 1 Mol ATP kann bis zu 2000 Mole Wasser aus geschwollenen Mitochondrien auspressen.

3.6.2. Die ATPase-Aktivität der Mitochondrien

Die ATPase katalysiert die hydrolytische Spaltung des ATP und greift damit in die Regulation der Atmung ein.

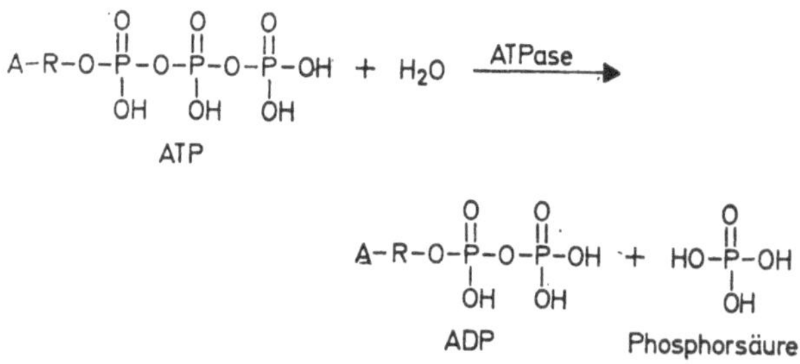

In intakten Mitochondrien ist die ATPase-Aktivität gering. Bei Schädigung der Mitochondrien oder in hypo- bzw. hypertonen Medien tritt eine Steigerung der Enzymaktivität ein. Die ATPase-Aktivität ist vom Redoxzustand der Komponenten der Atmungskette abhängig: bei kompletter Reduktion ist die ATPase zu 100% gehemmt. Eine in den Mitochondrien vorkommende latente ATPase wird durch Inkubation der Mitochondrien bei 37°C in Abwesenheit von Adeninnucleotiden und oxidierbarem Substrat gesteigert. Die meisten Entkoppler sowie eine Alterung der Mitochondrien erhöhen die Aktivität der ATPase, während z. B. ATP die ATPase-Aktivität hemmt. Die ATPase-Reaktion stellt eine Umkehr der oxidativen Phosphorylierung dar (s. S. 157).

3.6.3. *Permeabilitätsverhältnisse*

Die *entscheidende Trennwand* zwischen intra- und extramitochondrialem Raum ist die *mitochondriale Innenmembran.*

Mitochondrien sind für Pyruvat und β-Hydroxibutyrat permeabel. Hingegen sind die Di- und Tricarbonsäuren des Citronensäurecyclus, sowie die Derivate des Coenzyms A nicht frei permeierbar. Isolierte Lebermitochondrien sind weiterhin relativ impermeabel für Adeninnucleotide, Pyridinnucleotide und anorganisches Phosphat.

Von außen zugesetztes $NADH_2$ kann von intakten Mitochondrien nur oxidiert werden, wenn Cytochrom c zugesetzt wird. Dieser Oxidationsweg ist nicht phosphorylierend. Nach einem „osmotischen Schock", der die Permeabilität der Membran erhöht, oxidieren die Mitochondrien $NADH_2$ auch ohne Zusatz von Cytochrom c, wobei eine ATP-Synthese eintritt.

Stoffe, die eine Schwellung der Mitochondrien hervorrufen, erhöhen die Permeabilität der Mitochondrienmembran und führen zum Verlust intramitochondrialer Pyridinnucleotide. Am schnellsten geht NAD^+ verloren. Mitochondrien mit erniedrigtem NAD^+-Gehalt können mit Hilfe von ATP exogenes NAD^+ binden.

Für die Einschleusung von cytoplasmatisch gebildetem $NADH_2$ bzw. dessen Reduktionsäquivalenten in die Mitochondrien macht man mehrere Transportsysteme verantwortlich, von denen zwei in Abb. 38 näher erklärt sind. Weitere Transportsysteme für Wasserstoff sind das Oxalacetat-Malat- und das Oxalacetat-Aspartat-System.

Der Transport der Adeninnucleotide durch die Innenmembran von Mitochondrien wird durch einen Träger vermittelt. ADP wird durch diesen aus dem Cytoplasma in das Innere der Mitochondrien hineinbefördert, und das gebildete ATP wird durch denselben Träger wieder hinaustransportiert. Der Transport ist ein obligater Austausch, denn für jedes hineintransportierte ADP-Molekül muß ein ATP-Molekül hinausgebracht werden. Dadurch wird die Summe der mitochondrialen Adeninnucleotide konstant gehalten. Das Glycosid Atractylosid ist ein spezifischer Inhibitor des Adeninnucleotid-Transportes.

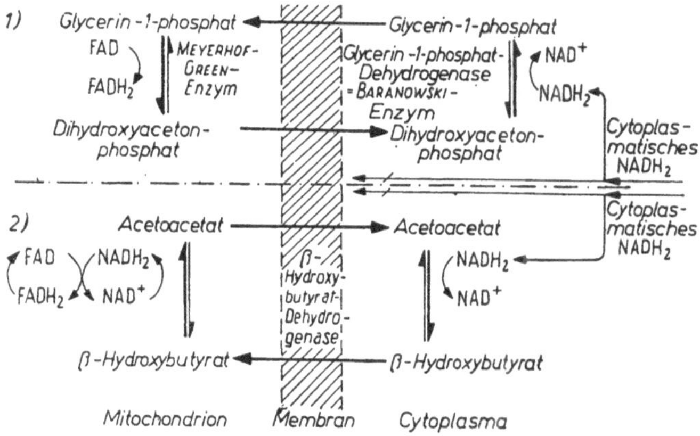

Abb. 38. Einschleusung des Wasserstoffs aus dem Cytoplasma in die Mitochondrien (1); das Glycerin-1-phosphat/Dihydroxyacetonphosphat-System (BÜCHER, SACKTOR), (2): das Acetoacetat/β-Hydroxybutyrat-System (DEVLIN, BEDELL)

In gekoppelten Mitochondrien wird ADP gegenüber ATP bevorzugt hineintransportiert, in entkoppelten Mitochondrien gibt es zwischen beiden Nucleotiden keine Unterschiede in der Transportrate.

Diese Asymmetrie im Transportsystem führt zu einer asymmetrischen Verteilung von ADP und ATP auf beiden Seiten der Membran. Das Verhältnis ATP/ADP ist außerhalb der Mitochondrien größer als innerhalb.

3.6.4. *Eigenschaften des mitochondrialen Ionentransportsystems*

Die Mitochondrien sind in der Lage, sowohl Anionen als auch Kationen in beiden Richtungen zu transportieren.

Der mitochondriale Ionentransport ist für die Regulation und den koordinierten Ablauf der intra- und extramitochondrialen Stoffwechselvorgänge von großer Bedeutung.

Schon zu Beginn der Mitochondrienforschung wurde beobachtet, daß atmende und phosphorylierende Mitochondrien in der Lage sind, ihren Gehalt an ein- und zweiwertigen Kationen sowie an Anionen aufrechtzuerhalten und sogar eine Ionenakkumulation durchzuführen. Die Tab. 8 zeigt den Kationengehalt intakter, frisch präparierter Mitochondrien. Die wichtigsten Gegenionen sind ATP, ADP, AMP, Pyridinnucleotide und anorganisches Phosphat. Bei Abwesenheit von oxidierbarem Substrat oder in hypotonen Medien verlieren die Mitochondrien K^+ und Na^+ praktisch völlig, während Mg^{++} und Ca^{++} etwa zur Hälfte ihres ursprünglichen Gehaltes strukturgebunden in den Mitochondrien zurückbleiben.

Tabelle 8

Kationengehalt frischer Rattenlebermitochondrien

Ion	nMol/mg Protein
K^+	130,0
Na^+	6,3
Mg^{++}	42,0
Ca^{++}	5,6
Zn^{++}	1,9
Fe^{+++} (Fe^{++})	7,5
Mn^{++}	0,4

Die eigentliche Ionenbarriere, in der die aktiven mitochondrialen Transportvorgänge ablaufen, ist, wie bereits erwähnt, die Innenmembran. Diese vermag auch eine H^+- und OH^--Ionen-Translocation durchzuführen. Die ebenfalls in der Innenmembran lokalisierten exergonen Oxidations- und Phosphorylierungsvorgänge treiben energetisch die gegen den Konzentrationsgradienten laufenden Akkumulationsprozesse an. Von besonderem Interesse ist der *mitochondriale Ca^{++}-Transport* auf Grund seiner beträchtlichen Spezifität, hohen Affinität, hohen Akkumulationsrate, seiner möglichen Bedeutung für den Kontraktionscyclus des Muskels sowie den molekularen Prozessen der Calzifizierung (LEHNINGER). Hinsichtlich der Energiebereitstellung erfolgt die Ca^{++}-Akkumulation alternativ zur oxidativen Phosphorylierung. Beide Prozesse konkurrieren um ein gemeinsames energiereiches Zwischenprodukt in der Reihe der energiebereitstellenden Reaktionen der Atmungskettenphosphorylierung. Ebenso wie ADP vermag auch Ca^{++} die Sauerstoffaufnahme in intakten Mitochondrien zu steigern. Gleichzeitig mit der aktiven Ca^{++}-Aufnahme erfolgt eine Protonenaustreibung aus den Mitochondrien, was eine Alkalisierung des Mitochondrieninneren zur Folge hat. Bei Anwesenheit von Phosphat wird dieses unter Schwellung der Mitochondrien gleichzeitig mit dem Ca^{++} aufgenommen. Bei zusätzlicher Gegenwart von ATP tritt eine massive Beladung der Mitochondrien mit Ca^{++}-Salzen ein, in deren Folge feingranulierte $Ca_3(PO_4)_2$-Niederschläge in spezifischer Weise ausfallen (Tab. 9).

Tabelle 9

Charakteristische Kenngrößen der energieabhängigen mitochondrialen Ca^{++}-Aufnahme unter verschiedenen Bedingungen (nach LEHNINGER)

Permeables Anion im Medium	Ladungskompensation	Zustand des Ca^{++} innerhalb der Mitochondrien	Ausmaß der Aufnahme (nMole/mg Eiweiß)
nein	H^+-Austreibung	Ca^{++} ist membrangebunden, Alkalinisierung	80 (begrenzte Beladung)
Phosphat	Phosphateintritt	Lösliche Ca^{++}-Salze in Matrix; Schwellung	200–300
Phosphat + ATP	Phosphat eintritt	Bildung von feingranulierten $Ca_3(PO_4)_2$-Niederschlägen	3000 (massive Beladung)

Atmung oder Zugabe von ATP bewirkt bei isolierten Mitochondrien oder Mitochondrienfragmenten eine Protonenaufnahme. Unter Anaerobiose tritt ein Protonenefflux ein. Es bestehen Beziehungen zwischen Protonen- und Anionenfluxen in den Mitochondrien. Die Verteilung von Anionen auf beiden Seiten der Mitochondrienmembran wird durch die transmembranalen pH-Differenzen bestimmt (s. S. 152).

Ein besonderes Interesse beansprucht auch der *mitochondriale K^+-Transport*. Rattenlebermitochondrien sind normalerweise impermeabel für dieses Kation. Sie akkumulieren jedoch eine größere Menge K^+, wenn man eine sog. *ionophore Substanz* und eine *Energiequelle* zusetzt. Beim K^+-Transport kommt es zur ATP-Hydrolyse. Pro Äquivalent verbrauchtes ATP werden etwa sieben Äquivalente K^+ transportiert. Eine solche ionophore Substanz ist z. B. das Antibiotikum *Valinomycin*. Die Funktionsweise der ionophoren Substanzen ist folgende. Sie bilden äußerst selektiv mit Alkaliionen (z. B. im Falle des Valinomycins mit K^+, nicht aber mit Na^+) Komplexe, in denen die Hydratationshülle des Kations durch ein System elektronegativer Sauerstoffatome ersetzt ist. Diese Komplexe sind lipidlöslich und werden durch eine Umgebung mit kleiner Dielektrizitätskonstante, wie sie z. B. in den Lipidanteilen der Membran vorliegen, stabilisiert. Räumlich stellen diese Komplexe armbandähnliche Strukturen dar (Abb. 39). In einem wäßrigen Milieu dissoziieren sie reversibel. Durch diese Eigenschaften vermögen die ionophoren Substanzen, die zur Klasse der makrocyclischen Depsipeptide gehören, einen Kationentransport durch natürliche, aber auch durch künstliche Phospholipidmembranen durchzuführen (SCHEMYAKIN, OVCHINNIKOV). Ionophore Substanzen teilt man ein in zwei Klassen:

a) solche, die als Ladung die des komplexgebundenen Kations tragen (Valinomycin) und b) solche, die funktionelle Carbonylgruppen besitzen, und deren Komplexe nach außen elektrisch neutrale Zwitterionen darstellen (Nigericin).

Von besonderem zellphysiologischem Interesse ist die *Permeabilität der inneren Mitochondrienmembranen* für *Anionen*, da die Mehrheit der Mitochondrienmetabolite (Zwischenprodukte des Citronensäurecyclus, Phosphat, Fettsäuren und Adeninnucleotide) unter physiologischen

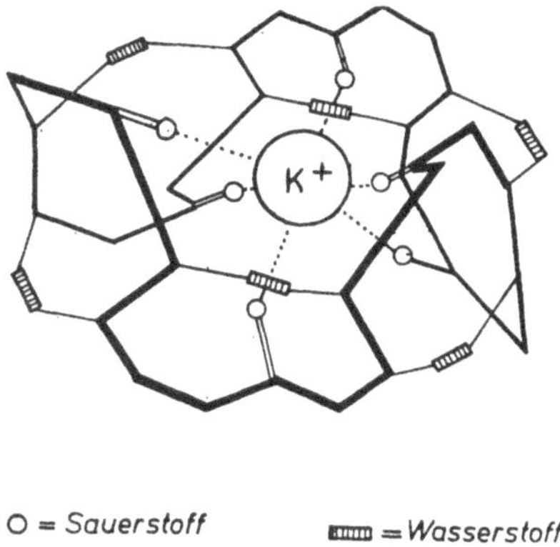

Abb. 39. „Armband"-Konformation von Valinomycin

Bedingungen ionisiert vorliegen. Die Anionenbewegung durch die Mitochondrienmembran wird durch zwei Gruppen von Faktoren kontrolliert: a) durch die relativ feste Bindung von Kationen (vorwiegend K^+) an die Mitochondrienmatrix werden den Mitochondrien Eigenschaften verliehen, die Ähnlichkeiten mit einem Anionen-Austauscher haben. In diesem relativ unspezifischen System werden die Anionen ihrer Ladung entsprechend akkumuliert, außerdem konkurrieren sie miteinander um die verfügbaren positiv geladenen Orte.

b) Zum anderen existieren in der inneren Membran wenigstens sieben voneinander unterscheidbare und mit beträchtlicher Spezifität ausgerüstete Transportsysteme für Anionen (Chappel). Die drei wichtigsten Multienzymsysteme innerhalb der Mitochondrien (System der

Atmungskettenphosphorylierung, des Citronensäurecyclus und der β-Oxidation der Fettsäuren) scheinen jeweils über eigene spezifische Gruppen von Transportmechanismen für Anionen zu verfügen. Für folgende Anionen konnten Transportsysteme nachgewiesen werden: 1. Phosphat (oder Arsenat). Dieses System kann ziemlich spezifisch durch SH-Blocker gehemmt werden; 2. Anionen der Dicarbonsäuren (Malat, Succinat). Dieses System ist durch n-Butyl-Malonat hemmbar, 3. Anionen der Tricarbonsäuren (Citrat, Isocitrat, cis-Aconitat), 4. α-Ketoglutarat, 5. Glutamat, 6. Aspartat, 7. Adeninnucleotide. Nicht alle Mitochondrien verfügen über die Gesamtheit dieser Transportsysteme. Beispielsweise können in Insektensarcosomen Di- und Tricarbonsäuren nicht eintreten. Letztere scheinen nur über Transportsysteme für Phosphat und Adeninnucleotide zu verfügen. Herzmitochondrien transportieren Tricarboxylat-Anionen und Nieren- bzw. Aszitestumormitochondrien Glutamat-Anionen äußerst schwach. Es existieren interessante

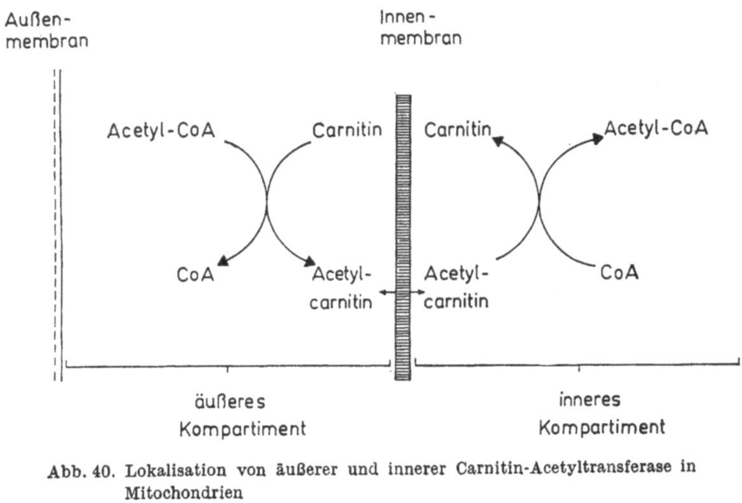

Abb. 40. Lokalisation von äußerer und innerer Carnitin-Acetyltransferase in Mitochondrien

Wechselwirkungen innerhalb mancher Transportsysteme. So erfolgt in Lebermitochondrien der Eintritt von Tricarbonsäuren nur bei Anwesenheit von Malat.

Für den Eintritt von Fettsäuren in die Mitochondrien spielt Carnitin eine besondere Rolle. Die Mitochondrieninnenmembran ist für Acetyl-CoA impermeabel, für Acetylcarnitin hingegen durchlässig. Mittels zwei Acetyltransferasereaktionen wird Acetyl-CoA in die Mitochondrien auf folgende Weise eingeschleust: da die äußere Mitochondrienmembran für Acetyl-CoA durchlässig ist, gelangt dieses aus dem Cytoplasma bis in das äußere mitochondriale Kompartiment (s. S. 166). Dort befindet sich die sogenannte „äußere“ Acetyl-Carnitin-Transferase, die die erste Acetylübertragung vom Acetyl-CoA auf Carnitin unter Bildung von Acetyl-Carnitin katalysiert (Abb. 40). Dieses tritt durch die Innenmembran hindurch. Die „innere“ Acetyl-Carnitin-Transferase katalysiert dann die Gegenreaktion und bildet Acetyl-CoA zurück (Pette) (zweite Acetylübertragung). Durch die gleichen Mechanismen werden auch die längerkettigen Fettsäuren in die Mitochondrien eingeschleust (Teil III).

3.7. Weitere Enzyme der biologischen Oxidation

3.7.1. Katalase und Peroxidasen (Hydroperoxidasen)

Die *Katalase* ist ein Hämin-Enzym (4 Hämingruppen pro Molekül Enzym), das in fast allen tierischen Geweben, besonders in der Leber, Niere und Erythrozyten, aber auch in höheren Pflanzen vorkommt und folgende Reaktion katalysiert:

$$2\,H_2O_2 \rightarrow 2H_2O + O_2$$

Ihre Funktion besteht in einer Zustörung des Wasserstoffperoxids, das ein sehr starkes Zellgift ist.

Bei den Mikroorganismen produzieren fast sämtliche Aerobier Katalase, die Anaerobier dagegen kaum oder überhaupt nicht. Das Molekulargewicht der Katalase ist 240000—250000, der Eisengehalt 0,09% (4 Atome Fe^{3+}/Molekül Enzym). Die Wechselzahl der aus Pferdeleber isolierten Katalase beträgt 5×10^6 für 0°C und pH = 6,8. Der K_M-Wert für H_2O_2 ist 6×10^{-7} m. Das Eisen der Katalase liegt als Fe^{3+} vor. Während der Reaktion ist bisher kein Valenzwechsel (vielleicht infolge Kurzlebigkeit der Intermediärprodukte, s. Mechanismus) beobachtet worden. Die Wirkung der Katalase ist eine *zweifache*:

a) Bei *hoher* H_2O_2-Konzentration wirkt die Katalase entsprechend der oben angegebenen Reaktion.

b) Ist die H_2O_2-Konzentration *gering*, so übt die Katalase eine Peroxidasewirkung aus (s. S. 179). Unter physiologischen Bedingungen (Überschuß an oxidierbarem Substrat, geringe H_2O_2-Konzentration) wirkt die Katalase fast ausschließlich als Peroxidase. So spielt die Katalase z. B. bei der Oxidation von C_1-Körpern mit Hilfe von H_2O_2 und in Erythrozyten zur Stabilisierung des Hämoglobins und Glutathions eine Rolle.

Die Katalase ist u. a. hemmbar durch Sulfid, Cyanid, Azid, Fluorid. Von der echten Katalysewirkung unterscheidet man eine pseudokatalatische Wirkung, die man Hämoglobin, Myoglobin und einigen ihrer Abbauprodukte zuordnet.

Die einzelnen *Peroxidasen* unterscheiden sich durch Vorkommen, prosthetische Gruppe und Spezifität gegenüber dem Substrat. Pflanzliche Peroxidasen enthalten als prosthetische Gruppe Protohämin (Fe^{3+}-Protoporphyrin = rotes Hämin), tierische Peroxidasen (Verdoperoxidasen) dagegen ein grünes Hämin unbekannter Struktur. Eine der bekanntesten Peroxidasen ist die Meerrettichperoxidase, an der durch WILLSTÄTTER erstmals die Reinigung eines Enzyms durchgeführt wurde. Die Kristallisation der Meerrettichperoxidase erfolgte durch THEORELL. Mit Hilfe von Aceton-Salzsäure war es möglich, die prosthetische Gruppe vom Enzymeiweiß abzutrennen, ohne jedoch das Protein zu denaturieren. Auf diese Weise gelang es, das Enzymprotein mit anderen ähnlich gebauten prosthetischen Gruppen zu rekombinieren und künstliche Peroxidasen zu erzeugen. Als weitere Peroxidasen sind die Cytochrom c-Peroxidase aus Hefe, die Lactoperoxydase aus Milch und die Verdoperoxidase aus Leukocyten zu nennen. Neben der echten Peroxidase kennt man analog der Katalase Pseudoperoxidasen (Hämoglobin, Myoglobin und deren Abbauprodukte), die thermostabil sind. Inhibitoren der Peroxidase sind: Cyanid, Sulfid, Fluorid, Azid u. a.

Die Peroxidasen katalysieren die Oxidation eines Substrates mit Hilfe von H_2O_2:

$$AH_2 + H_2O_2 \rightarrow A + 2H_2O$$

Nach den Arbeiten von THEORELL und CHANCE ist der Reaktionsmechanismus bei Katalase und Peroxidasen streckenweise gleich:

Zunächst lagert sich ein Molekül H_2O_2 an das Enzym an:

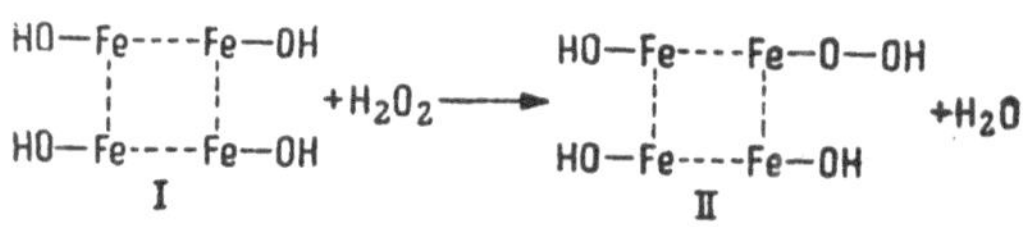
(1)

Reagiert der Komplex II nun mit einem oxidierbaren Substrat (AH_2), so entstehen:

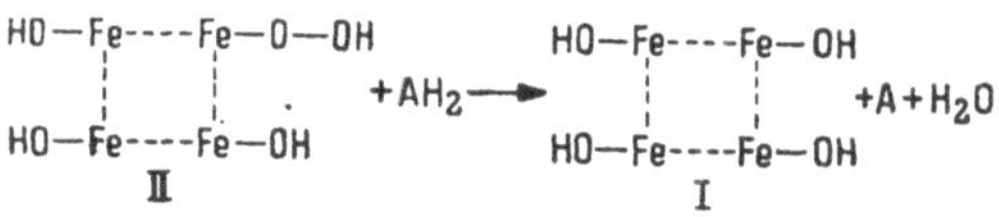
(2)

Reaktionsmechanismus der Peroxidase [(*1*) + (*2*)]

Nimmt an Stelle des oxidierbaren Substrates ein weiteres Molekül H_2O_2 an der Reaktion teil, so verläuft der

Prozeß wie folgt:

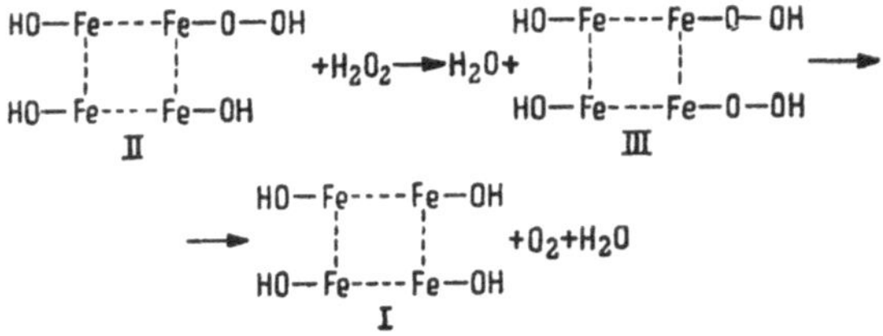

(3)

Reaktionsmechanismus der Katalase [(*1*) + (*3*)]

Katalase- und Peroxidasereaktion unterscheiden sich also durch die Art des *Acceptormoleküls*, das mit dem Komplex II reagiert. Der Reaktionsmechanismus ermöglicht das Verständnis der Tatsache, daß Katalase bei hoher H_2O_2-Konzentration als Katalase, bei geringer H_2O_2-Konzentration und Vorhandensein eines oxidierbaren Substrates als Peroxidase wirkt.

3.7.2. Oxygenasen

Unter Oxygenasen versteht man Enzyme, die molekularen Sauerstoff aktivieren und diesen in verschiedenartigen Substraten fixieren. Man kann zwei verschiedene Reaktionstypen unterscheiden:

1. $S + O_2 \rightarrow SO_2$
2. $S + O_2 + R - H_2 \rightarrow$ oxidiertes Substrat $+ H_2O + R$

(S: Substrat, $R{-}H_2$: Wasserstoffdonator)

Unter „Dioxygenasen“ werden Enzyme verstanden, die beide Atome eines Sauerstoffmoleküls in das Substrat einführen (Reaktion 1).

Nach Gleichung 2 wird hingegen ein Atom des Sauerstoffmoleküls auf das Substratmolekül übertragen, das andere zur Bildung von Wasser verbraucht („*Monooxygenasen*“). Der Wasserstoff des Wassers stammt von einem

Wasserstoffdonator. Der zweite Typ von Enzymen wird auch *„Hydroxylasen“* bezeichnet. Als Beispiele für Dioxygenasen seien die Pyrocatechase als phenolytische Oxygenase (Cofaktor ist anorganisches Fe^{++}) und L-Tryptophan-Oxygenase (Cofaktor Häm) genannt.

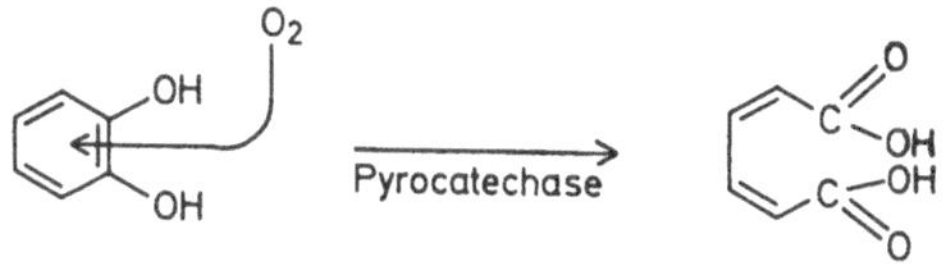

Catechin Muconsäure

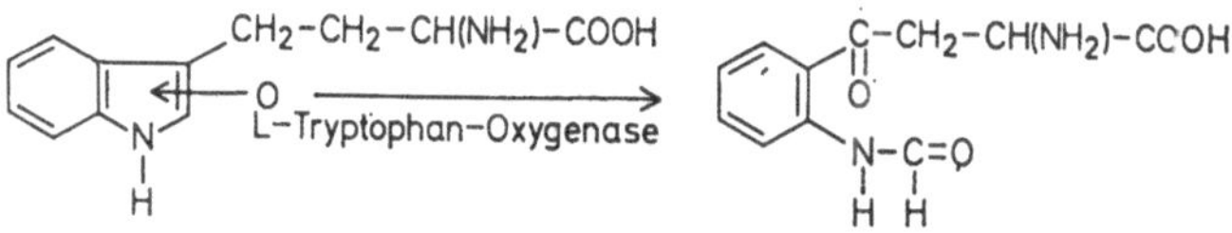

L-Tryptophan L-Formylkynurenin

$NADPH_2$ ist der bevorzugte Wasserstoffdonator für die Monooxygenasen. Andere Wasserstoffdonatoren sind $NADH_2$, Ascorbinsäure, $FADH_2$, $FMNH_2$. Als Beispiel sei die Phenylalanin-4-Monooxygenase (Phenylalanin-hydroxilase) genannt:

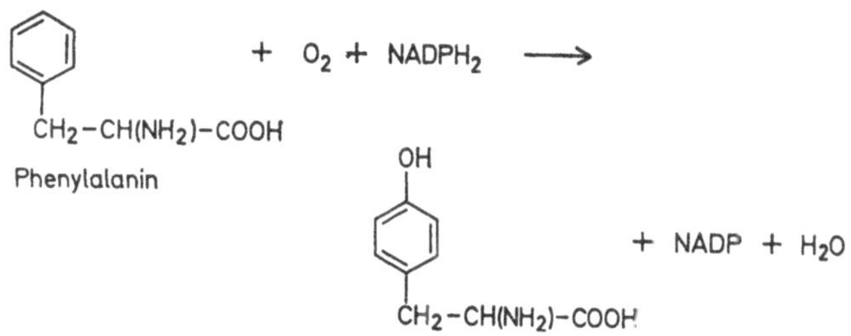

Ein sehr vielseitig wirkendes Enzym ist das *Cytochrom P-450*, das vorwiegend im endoplasmatischen Retikulum der Leber und anderer Organe, z. B. der Nebennierenrinde, vorkommt. Es besitzt *Protoporphyrin IX* (s. Tab. 5) als *prosthetische Gruppe* und erhielt seinen Namen von der Position der Hauptabsorptionsbande des reduzierten Enzyms mit Kohlenmonoxid als Liganden.

Das Prinzip seiner Wirkungsweise wird durch folgende Gleichung ausgedrückt.

$$AH_2 + NADPH + H^+ + O_2 \rightarrow AHOH + NADP^+ + H_2O$$

Das Substrat AH_2 wird durch dieses Enzym hydroxyliert. Derartige Hydroxylierungsreaktionen spielen im Zwischenstoffwechsel eine sehr große Rolle. Als Substrate kommen Fettsäuren, Alkane, Steroide, polycyclische Carcinogene, Anilin und ein beträchtliches Spektrum von verschiedenartigen Pharmaka in Betracht. Das Enzym wirkt mit in der *Biosynthese der Steroide* und in der Bildung spezifischer *Steroidhormone* aus Cholesterin in der Nebennierenrinde. Fettsäuren vermag es an deren CH_3-Ende durch Hydroxylierung zu aktivieren (ω-Oxidation). Gleiches gilt für Alkane. Eine besondere Rolle spielt es bei der *Hydroxylierung von Pharmaka* in der Leber. Stoffe, wie 3-Methylcholanthren und Barbiturate sind in der Lage, den Cytochrom P-450-Gehalt im endoplasmatischen Retikulum der Leber durch Induktion zu erhöhen, wodurch eine höhere Abbaugeschwindigkeit dieser Substanzen erreicht wird. Die Aktivität dieses Enzyms steht außerdem unter der Kontrolle von Hormonen (z. B. von Sexualhormonen) sowie von Nahrungsfaktoren. Eiweißmangel in der Nahrung führt zu einer verminderten Fähigkeit der Leber, auf die Zufuhr von Pharmaka mit einer Steigerung der Synthese von Cytochrom P-450 zu reagieren.

3.7.3. Kupferhaltige Oxidasen

Zu ihnen gehören die *Laccase* und die *Ascorbinsäureoxidase*. Ihrem Mechanismus nach sind sie elektronenübertragende Enzyme. Die Reaktion besteht a) aus der Oxidation von Cu^+ zu Cu^{++} durch molekularen Sauerstoff und b) aus der Oxidation des Substrates SH_2 durch Cu^{++}. Das Kupfer ist an das Enzym direkt gebunden. Das Reduktionsprodukt des Sauerstoffs ist Wasser

a) $4H^+ + 4Cu^+ + O_2 \rightarrow 4Cu^{++} + 2H_2O$

b) $4Cu^{++} + 2SH_2 \rightarrow 2S + 4H^+ + 4Cu^+$

Die Laccase katalysiert die aerobe Oxidation von Hydrochinonen zu p-Chinon. Sie enthält 4 Atome Kupfer pro Mol Enzymprotein (120000 Dalton).

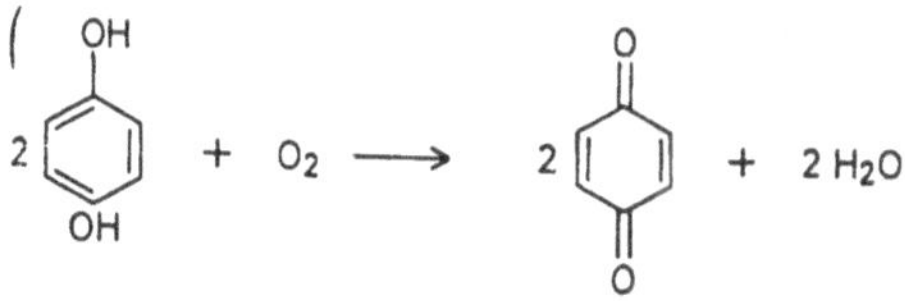

p-Hydrochinon p-Chinon

Es gibt andere Phenoloxidasen, die Mono- und Diphenole oxidieren. Die Ascorbinsäureoxydase kommt in zahlreichen höheren Pflanzen vor. Auf Grund der geringen Affinität der Ascorbinsäureoxidase zu Sauerstoff wurde vermutet, daß Nebenwege der biologischen Oxidation, die über das System Ascorbinsäure/Dehydroascorbinsäure laufen, von untergeordneter Bedeutung sind. Dem

$$\text{Substrat-}H_2 + NADP^+ \xrightleftharpoons{\text{Dehydrogenase}} \text{Substrat} + NADPH + H^+$$

$$NADPH + H^+ + GSSG \xrightleftharpoons{\text{Glutathionreduktase}} NADP^+ + 2\,GSH$$

$$2\,GSH + \text{Dehydroascorbinsäure} \xrightleftharpoons{\text{Dehydroascorbinsäurereduktase}} GSSG + \text{Ascorbinsäure}$$

$$\text{Ascorbinsäure} + \frac{1}{2}O_2 \xrightleftharpoons{\text{Ascorbinsäureoxydase}} \text{Dehydroascorbinsäure} + H_2O$$

steht jedoch die Beobachtung gegenüber, daß Ascorbinsäure und Glutathion in keimenden Erbsen 25% der Atmung übernehmen können. Folgende Reaktionen sollen dabei ablaufen (s. Seite 183).
Inhibitoren der Ascorbinsäureoxidase sind: Sulfid, Cyanid u. a.

3.8. Biologische Lumineszenz

Biolumineszenz, d. h. Lichtaussendung durch Lebewesen, ist weit verbreitet, sie kommt bei Tieren (Glühwürmchen, Würmer, Krebse, Fische u. a.), Pflanzen (saprophytische Pilze) und bei Bakterien vor. Diese Form der Lichtproduktion ist auf besondere Stoffwechselprozesse zurückzuführen, die darin bestehen, daß ein reduziertes Substrat (*Luciferin*) enzymatisch durch molekularen Sauerstoff oxidiert wird. Auf einfache Weise kann dies so wiedergegeben werden:

$$\text{Luciferin} + O_2 \rightarrow \text{Licht}.$$

Es wird ein besonders *angeregter Zustand* des *oxidierten Luciferins* erreicht, der unter Lichtaussendung in den Grundzustand zurückkehrt. Diese Reaktion wird in einer Reihe von Organismen durch ein Enzym, die *Luciferase*, katalysiert.

In den verschiedenen lumineszierenden Organismen gibt es *unterschiedliche Luciferin-Luciferase-Systeme* (Tab. 10). Bedeutungsvoll ist, daß die Lichtaussendung ein aerober Prozeß ist, der auch bei niedrigen Sauerstoffpartialdrucken abläuft. Ausnahmen sind lediglich einige Ctenophoren und Radiolarien, die für ihre Lumineszenz keinen Sauerstoff benötigen.

Besonders intensiv wurden die Mechanismen der Lichtaussendung der Glühwürmchen und leuchtenden Bakterien untersucht.

Aus Glühwürmchen wurde die Luciferase in kristallisiertem Zustand erhalten. Auch Luciferin konnte dar-

Tabelle 10.
Biolumineszenz (nach McElroy)

Organismus	System	Emissionsmaximum nm
Bakterien	$FMNH_2 + RC(=O)H + O_2 + E$	495
Glühwürmchen	$LH_2 + ATP + Mg^{++} + O_2 + E$	562
Protozoen	$LH_2 + E + O_2$	470
Pilze	$NADH_2 + X + O_2 + E$	530

LH_2 bedeutet Luciferin als oxidierbares Substrat
E: Luciferase

gestellt werden. Luciferin ist eine Verbindung von 2-Cyano-6-hydroxibenzthiazol und Cystein. Die aktive Form des Luciferins ist D(-)-Luciferin, die D(-)Cystein enthält.

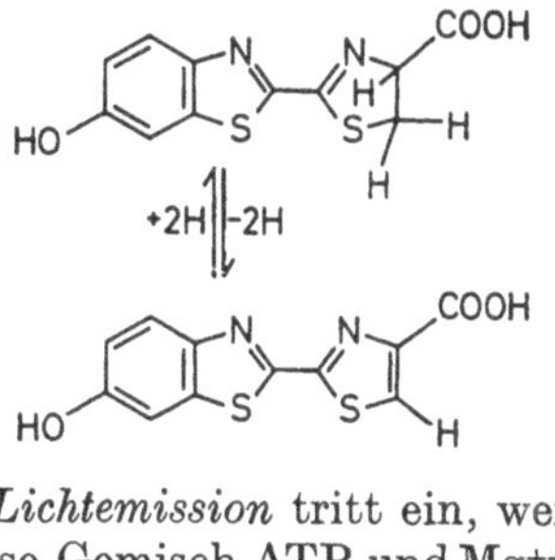

D(–)-Luciferin

Dehydroluciferin

Eine *Lichtemission* tritt ein, wenn zu einem Luciferin-Luciferase-Gemisch ATP und Mg^{++} hinzugegeben werden. Es kommt hierbei zu folgendem Reaktionsablauf:

$$E + LH_2 + ATP \xrightleftharpoons{Mg^{++}} E \cdot LH_2 \cdot AMP + PP$$

„aktiviertes" Luciferin

$$E \cdot LH_2 \cdot AMP + O_2 \rightarrow E \cdot L_{ox} \cdot AMP + H_2O$$

„angeregter" Zustand

$$\downarrow$$

$$E \cdot L_{ox}\, AMP + \text{Licht}.$$

Die Zwischenverbindung stellt enzymgebundenes Luciferyl-Adenylat dar. CoA vermag die Lichtemission zu steigern. Es ist in der Lage, eine Reaktionshemmung, die sich schon nach wenigen Sekunden bei alleiniger Anwesenheit der vier oben angeführten Reaktionspartner infolge Endproduktanhäufung einstellt, zu überwinden.

Der hemmende Komplex ist $E \cdot L_{ox} \cdot AMP$. Dieser wird durch CoA zersetzt:

$$E \cdot L_{ox} \cdot AMP + CoA \rightleftharpoons E + L_{ox} \cdot CoA + AMP$$

Die Dehydroluciferin-CoA-Verbindung vermag mit Cystein oder Glutathion weiter zu reagieren.

Für jedes umgesetzte Luciferin-Molekül wird ein Lichtquantum ausgesandt. Auf der hohen Spezifität dieses Systems für ATP sowie der leichten und hochempfindlichen photoelektrischen Meßbarkeit des ausgestrahlten Lichtes gründet sich eine wichtige Methode der ATP-Bestimmung.

Bei Bakterien sind reduziertes FMN für die Lichtemission sowie ein besonders „bakterielles Luciferin" nötig. Chemisch scheint dieses mit einem langkettigen Aldehyd, dem Palmital identisch zu sein. Sowohl der Aldehyd als auch $FMNH_2$ werden für den Prozeß der Lichtemission verbraucht.

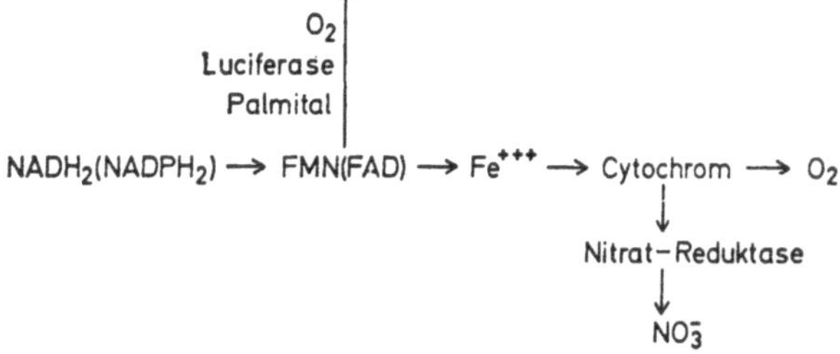

Abb. 41. Zusammenhang bakterieller Lichtemission und Elektronentransport (nach McElroy)

Auch die bakterielle Lumineszenz ist ein aerober Vorgang, wie bereits Boyle im Jahre 1667 beobachtet hat. Die bakterielle Luciferase ist demnach eine besondere Flavinoxidase.

4. Der Citronensäurecyclus

Bisher wurde der Weg des *Wasserstoffes* betrachtet, der in den Mitochondrien durch die *Atmungskette* zum Wasser oxidiert wird. Dieser Wasserstoff stammt aus den verschiedenen Substraten des intermediären Stoffwechsels, welche durch die Dehydrogenasen oxidiert werden. Es ist nun die Frage aufzuwerfen, um welche Substrate es sich dabei handelt und wie sie im Zwischenstoffwechsel zusammenhängen. Die Beobachtungen, daß Bernsteinsäure, Fumarsäure, Citronensäure und andere die Atmung von Gewebshomogenaten katalytisch zu steigern vermögen, wenn Brenztraubensäure als oxidierbares Substrat hinzugegeben wird, führten zur *Theorie des Citronensäurecyclus* (Krebs 1937). Für die Entwicklung der Theorie des Citronensäurecyclus war die Beobachtung entscheidend, daß Malonsäure als kompetitiver Hemmstoff der Bernsteinsäuredehydrogenase die Brenztraubensäureoxidation hemmt und daß es dabei zu einer Anhäufung von Bernsteinsäure kommt. Fumarsäure ist dabei imstande, die Atmungshemmung durch Malonsäure aufzuheben. Bernsteinsäure häuft sich dabei weiterhin an, woraus der Schluß gezogen wurde, daß diese sich aus der Fumarsäure bilden kann. Die einfachste Erklärung dieser Tatsachen war, daß Folgeprodukte, die bei der Brenztraubensäureoxidation entstehen, in einem cyclischen Prozeß ständig wieder durchlaufen werden.

Die Theorie des Citronensäurecyclus war fruchtbar für die Untersuchung anderer Stoffwechselgeschehen, die im Laufe der Zeit zur Entdeckung mehrerer cyclischer Stoffwechselprozesse in der lebenden Zelle führte. Der Citronensäurecyclus läuft wie die Atmungskette und die oxidative Phosphorylierung in den Mitochondrien der Zellen ab.

Zum Ablauf des Citronensäurecyclus sind *Acetyl-CoA* und *Oxalessigsäure* nötig. Bevor auf die Einzelreaktionen des Citronensäurecyclus weiter eingegangen wird, sollen einige Möglichkeiten der enzymatischen Synthese von Acetyl-CoA besprochen werden.

4.1. Bildung von Acetyl-Coenzym A

Acetyl-Coenzym A (Acetyl-CoA, „aktive Essigsäure", $CH_3\overset{\overset{O}{\|}}{C}-S-CoA$) ist das Acetylderivat des Coenzym A. Coenzym A selbst ist eine nucleotidähnliche Substanz, die neben Adenosin drei Moleküle Phosphorsäure sowie Panthothensäure und Cysteamin enthält (Teil I, S. 149). Die SH-Gruppe des Cysteamins ist die funktionelle Gruppe dieses Coenzyms. Coenzym A ist ein acylgruppenübertragendes und -aktivierendes Coenzym. Es hat eine wichtige Funktion nicht nur im Stoffwechsel der Essigsäure, sondern eine allgemeine Bedeutung im Fettsäurestoffwechsel. Die Thiolesterbindung ist energiereich, ihre Hydrolyse geht mit einer Änderung der freien Enthalpie von −6200 cal einher. Acetyl-CoA ist eine wichtige Schlüsselsubstanz des intermediären Stoffwechsels. Es ist neben Oxalessigsäure Substrat für die Initialreaktion des Citronensäurecyclus, die Citronensäurebildung. Außerdem dient es der Fettsäuresynthese, der Synthese des Cholesterins, der Isoprene, der Acetessigsäure und anderer Verbindungen.

Gebildet wird Acetyl-CoA

a) aus Brenztraubensäure

b) durch Aktivierung der Essigsäure

c) durch β-Oxidation der Fettsäuren.

Brenztraubensäure geht mittels oxidativer Decarboxylierung in aktives Acetat über.

$$CH_3COCOOH + NAD^+ + CoA{-}SH \rightarrow$$
$$\rightarrow CH_3CO{-}S{-}CoA + NADH + H^+ + CO_2$$

Es ist gelungen, den Feinmechanismus dieser Reaktion und die an ihr beteiligten Coenzyme weitgehend aufzuklären. Daran sind neben NAD^+ und CoA, Thioctansäure, Thiaminpyrophosphat und FAD beteiligt. Der Prozeß der oxidativen Decarboxylierung von anderen α-Ketosäuren (z. B. α-Ketoglutarsäure) verläuft grundsätzlich gleichartig. Die Thioctansäure ist als Acetylüberträger und als Redox-Cofaktor an diesem Prozeß beteiligt. Die Acetyl-Thioctansäure-Verbindung ist energiereich; ihr Energieinhalt stammt aus der Oxidation des Acetaldehydes zum Acetylrest. Die Energie dieses Thiolesters wird auf das Acetyl-CoA übertragen. Die Oxidation der Thioctansäure erfolgt durch die Thioctansäure-Dehydrogenase. Ihr wahres Substrat ist die proteingebundene Thioctansäure (Bindung der COOH-Gruppe der Thioctansäure an die ε-Amino-Gruppe von proteingebundenem Lysin). Der Pyruvatdehydrogenase-Komplex ist ein Multienzymsystem, das in tierischen und pflanzlichen Zellen in den Mitochondrien vorkommt und bei den Bakterien eng mit deren Zellmembranen vergesellschaftet ist. Wie aus dem Feinmechanismus hervorgeht, besitzt es eine Vielzahl verschiedener Komponenten. Die Partikelgewichte dieses Komplexes aus Schweineherz betragen $10 \cdot 10^6$ und aus *E. coli* $4{,}8 \cdot 10^6$. Letzterer Komplex konnte in seine Bestandteile zerlegt werden:

a) 16 Moleküle Pyruvatdecarboxylase (Molgewicht 183000),

b) ein Aggregat (Molgewicht $1{,}6 \cdot 10^6$) bestehend aus 64 · Untereinheiten Thioctansäure-Dehydrogenase und Transacetylase und

c) acht Moleküle Dihydrothioctansäure-Dehydrogenase mit einem Molgewicht von 112000.

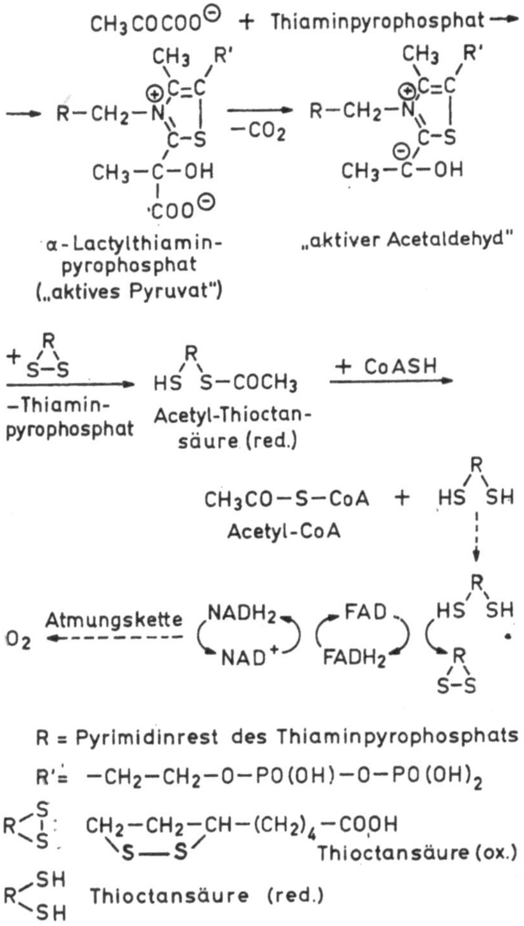

Die Spaltung dieses Multienzymkomplexes ist reversibel.

Die *Aktivierung* von freier *Essigsäure* zu *Acetyl-CoA* erfolgt unter Verbrauch von ATP durch das „acetataktivierende Enzym".

$$CH_3COOH + ATP + CoASH \rightleftharpoons$$
$$\rightleftharpoons CH_3CO{-}S{-}CoA + AMP + \text{Pyrophosphat.}$$

Es gelang durch Verwendung von markierten Substraten und Produkten diesen Prozeß in zwei Teilschritte zu zerlegen:

$$ATP + CH_3COOH \rightleftharpoons \underset{\text{Acetyladenylat}}{CH_3{-}CO{-}AMP} + \text{Pyrophosphat}$$

$$CH_3CO{-}AMP + CoASH \rightleftharpoons CH_3CO{-}S{-}CoA + AMP$$

Der gleiche Mechanismus findet Verwendung bei der Aktivierung von Fettsäuren und der Aktivierung der α-Carboxylgruppe von Aminosäuren.

In Mikroorganismen erfolgt die Aktivierung der Essigsäure auf andere Weise. Hier bildet sich Acetylphosphat als Zwischenprodukt, wobei ADP frei wird (Acetatkinase). Danach erfolgt eine Acetylgruppenübertragung auf das Coenzym A.

$$CH_3COOH + ATP \rightleftharpoons \underset{\text{Acetylphosphat}}{CH_3COOPO(OH)_2} + ADP$$

$$CH_3COOPO(OH)_2 + CoASH \rightleftharpoons CH_3CO{-}S{-}CoA + \textcircled{P}$$

In *Clostridium kluyverii* und *E. coli* wurde die Bildung von Acetyl-CoA auch aus Acetaldehyd beobachtet:

$$CH_3CHO + CoA{-}SH + NAD^+ \rightleftharpoons CH_3CO{-}S{-}CoA$$
$$+ NADH + H^+$$

4.2. *Die Reaktionsfolge des Citronensäurecyclus*

Die Initialreaktion des Citronensäurecyclus besteht in einer Kondensation der Acetylgruppe des Acetyl-CoA und der Oxalessigsäure, die durch das sogenannte *kondensierende Enzym* (Citratsynthetase) katalysiert wird. Unter

Wasseraufnahme entsteht dabei Citronensäure, wobei Coenzym A freigesetzt wird. Wahrscheinlich bildet sich intermediär enzymgebundenes Citroyl-CoA. Das kondensierende Enzym ist in allen solchen Geweben in beträchtlicher Aktivität vorhanden, die einen hohen oxidativen Stoffwechsel besitzen. Infolge großer Änderung der freien Enthalpie ist die Kondensationsreaktión praktisch nicht

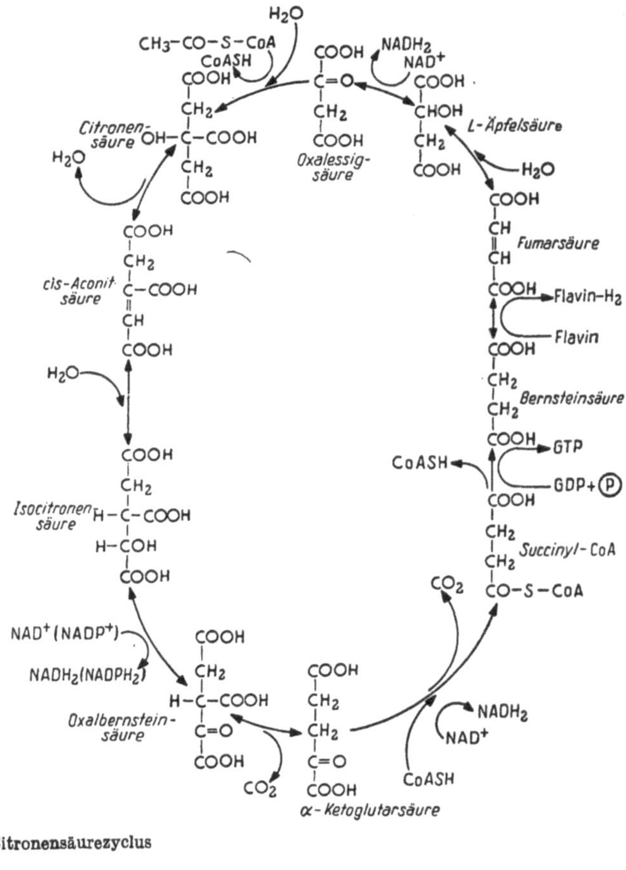

Citronensäurezyclus

reversibel. Die Energie wird als Wärme frei und wird nicht zur ATP-Gewinnung verwendet. Durch das Enzym *Aconitase* wird die Citronensäure durch Isomerisierung in Isocitronensäure umgewandelt, wobei als Zwischenprodukt cis-Aconitsäure entsteht. Die Aconitase ist ihrer Wirkungsweise nach gleichzeitig Hydratase und Isomerase. Aus dem symmetrisch gebauten Molekül Citronensäure entsteht die Isocitronensäure, die zwei asymmetrische Kohlenstoffatome besitzt.

Die Aconitase hat also die ungewöhnliche Eigenschaft, ihrem Wesen nach verschiedene Reaktionen zu katalysieren.

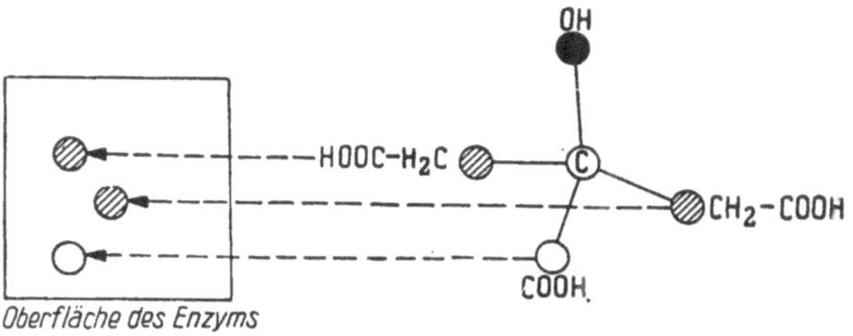

Abb. 42. 3-Punkt-Anlagerung der Citronensäure an die Aconitase

sieren. Einerseits spaltet sie eine Hydroxigruppe von einem tertiären C-Atom (Dehydratisierung der Citronensäure) und andererseits auch von einem sekundären C-Atom ab (Dehydratisierung der Isocitronensäure).

Sie vermag zwischen chemisch identischen Gruppen des Moleküls zu unterscheiden. Daraus folgt, daß die Citronensäure an die Aconitase mit einer spezifischen Orientierung gebunden wird. Dabei müssen wenigstens drei Punkte des Substrates mit dem Enzym reagieren (Abb. 42).

Unter der Voraussetzung, daß die zwei katalytischen Zentren des Enzyms, die die $-CH_2COOH$-Gruppen binden, unterschiedliche Eigenschaften haben, läßt sich die Asymmetrie der Aconitase-Reaktion verstehen. Als Zwischenprodukt wird ein an das Enzym gebundenes

Carbonium-Ion diskutiert. In *Aspergillus niger* scheint die Aconitase aus zwei Enzymproteinen zu bestehen.

Ein kompetitiver Hemmstoff der Aconitase ist die Fluorcitronensäure, die in den Organen von Tieren gefunden wird, die mit Fluoressigsäure vergiftet wurden. Während letztere eine geringe Toxizität aufweist, ist die Fluorcitronensäure, welche nach Aktivierung der Fluoressigsäure zu Fluoracetyl-CoA und anschließender Kondensation mit Oxalessigsäure entsteht, eine sehr toxische Substanz („letale Synthese"). Fluorcitronensäure ist ein wichtiger Hemmstoff des Citronensäurecyclus.

In der sich daran anschließenden Reaktion wird die Isocitronensäure durch die *Isocitronensäuredehydrogenase* zu Oxalbernsteinsäure dehydriert. Es gibt $NADP^+$- und NAD^+-spezifische *Isocitronensäuredehydrogenasen.*

$NADP^+$-spezifische Isocitronensäuredehydrogenasen sind aus Hefe, Schweineherz und Mikroorganismen isoliert worden. Dieser Typ katalysiert auch die Decarboxylierung von Oxalsuccinat zur α-Ketoglutarsäure („zweiköpfiges Enzym"). Für beide Reaktionen sind Mn^{++}-Ionen erforderlich. Von dem $NADP^+$-spezifischen Enzym läßt sich aus Präparationen von Hefe, Schweineherz, Taubenbrustmuskel und Placenta eine NAD^+-Isocitronensäuredehydrogenase abtrennen. Das NAD^+-spezifische Hefeenzym, nicht aber das entsprechende Muskel-Enzym, wird durch Adenosin-5-monophosphat und anorganisches Phosphat allosterisch aktiviert.

Das $NADP^+$-spezifische Enzym ist zu 80% in der löslichen cytoplasmatischen Phase (Leber, Herz) vorhanden, während das NAD^+-Enzym ausschließlich in Mitochondrien vorkommt. Daraus folgt, daß das NAD^+-Enzym das offensichtlich wichtigere Enyzm für den Ablauf des Citronensäurecyclus ist. Infolge seiner *allosterischen Eigenschaften* besitzt es für den Ablauf des Citronensäurecyclus eine äußerst wichtige *Kontrollfunktion.* ADP als allosterischer Effektor vermag die NAD^+-Isocitronensäuredehydrogenase in ihrer Aktivität zu steigern. ATP hemmt dieses Enzym kompetitiv zum NAD^+. Isocitrat ist nicht nur Substrat, sondern gleichzeitig auch Aktivator dieses Enzyms.

Durch die *α-Ketoglutarsäuredehydrogenase* erfolgt die Umwandlung der *α-Ketoglutarsäure* zu *Bernsteinsäure*. Diese Reaktion ist eine oxidative Decarboxylierung. Sie verläuft prinzipiell nach dem gleichen Mechanismus wie die Brenztraubensäuredecarboxylierung (S. 189f.). Unter Mitwirkung der Coenzyme der oxidativen Decarboxylierung (Thiaminpyrophosphat, CoASH, Thioctansäure, NAD^+, FAD) entsteht aktives Succinat (Succinyl-CoA):

$$\alpha\text{-KGS} + \text{CoASH} + \text{NAD}^+ \rightarrow$$
$$\rightarrow \text{Succinyl—S—CoA} + \text{NADH} + \text{H}^+ + \text{CO}_2.$$

Dieses wird anschließend in Bernsteinsäure und Coenzym A gespalten. Dabei wird die Energie der Spaltung im Guanosintriphosphat gespeichert.

$$\text{Succinyl—S—CoA} + \text{GDP} + Ⓟ \rightleftharpoons \text{Succinat} + \text{CoASH} + \text{GTP}$$

In einer sich daran anschließenden *Transphosphorylasereaktion* wird ADP zu ATP phosphoryliert; das dabei entstehende GDP wird danach wieder für eine neue Phosphorylierung verfügbar. Die durch die Oxidation der α-Ketoglutarsäure freiwerdende Energie wird zunächst im Succinyl-CoA gespeichert und über das GTP auf das ATP übertragen. Dies ist ein Beispiel einer *Substratphosphorylierung*. Zum Unterschied zur *Atmungskettenphosphorylierung* ist diese nicht gegen Dinitrophenol empfindlich. Infolge Substratphosphorylierung bei der Oxidation von α-KGS zu Succinat, die ein zusätzliches ATP-Molekül liefert, ist der P/O-Quotient der α-KGS-Oxidation nicht drei, wie bei den anderen NADH-Oxidationen, sondern vier.

Die Bernsteinsäure wird durch die *Bernsteinsäuredehydrogenase* in Fumarsäure umgewandelt. Das Enzym ist in atmenden Zellen sehr aktiv. Es ist eng mit der Atmungskette vergesellschaftet (Succinatoxidase, s. S. 140). Dieses System katalysiert folgende Reaktionen:

$$\text{Succinat} + 2\text{Cyt}-\text{Fe}^{+++} \rightarrow \text{Fumarat} + 2\text{Cyt}-\text{Fe}^{++} + 2\text{H}^{+}$$
$$2\text{Cyt}-\text{Fe}^{++} + 2\text{H}^{+} + 1/2\text{O}_2 \rightarrow 2\text{Cyt}-\text{Fe}^{+++} + \text{H}_2\text{O}$$

$$\text{Succinat} + 1/2\text{O}_2 \rightarrow \text{Fumarat} + \text{H}_2\text{O}.$$

Über die molekularen Eigenschaften der Bernsteinsäuredehydrogenase s. S. 138.

Die Bernsteinsäuredehydrogenase ist ein SH-Enzym. Als kompetitiver Hemmstoff der Bernsteinsäuredehydrogenase fungiert Malonsäure.

Die Fumarsäure wird durch eine Hydratase, die *Fumarase*, in L-Äpfelsäure umgewandelt. Das Enzym ist sehr spezifisch, es reagiert weder mit Maleinsäure noch mit D-Äpfelsäure.

Die Fumarase-Reaktion verläuft stereospezifisch (vgl. Aconitase-Reaktion). Dies folgt aus der Reaktion der Fumarsäure mit D_2O:

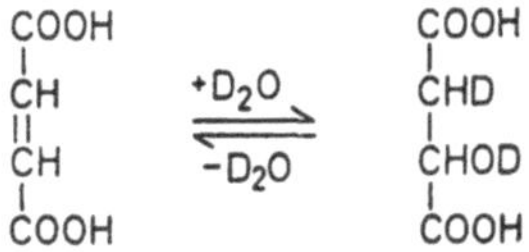

Bei der Rückreaktion verbleibt kein D im Molekül, was man erwarten müßte, wenn folgende Reaktion einträte:

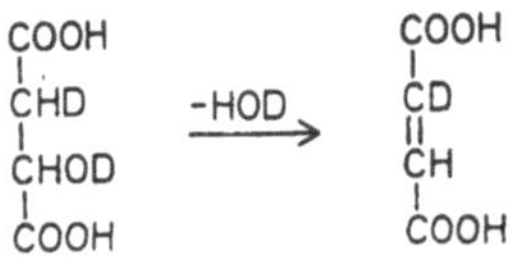

Zufügung und Entfernung des Wassers erfolgt in trans-Stellung. Mittels der *L-Äpfelsäuredehydrogenase* entsteht aus der L-Äpfelsäure die Oxalessigsäure. An dieser Reaktion ist NAD^+ als Coenzym beteiligt. Mit dem Entstehen der Oxalessigsäure ist der Citronensäurecyclus geschlossen.

4.3. *Zusammenfassende Betrachtung des Citronensäurecyclus*

Alle Reaktionen des Citronensäurecyclus sind mit Ausnahme der Citratsynthetase *reversibel*. Dies bedeutet, daß die Hauptrichtung des Citronensäurecyclus in Richtung Oxalessigsäurebildung aus Citronensäure über α-Ketoglutarsäure, Bernsteinsäure, Fumarsäure usw. verläuft.

Eine Einschätzung der Bedeutung des Citronensäurecyclus muß die stoffliche und energetische Seite der besprochenen biochemischen Reaktionen berücksichtigen. Durch den Citronensäurecyclus und die sich an ihn anschließende Atmungskette kommt es, entsprechend der nachstehenden Gleichung, zur vollständigen Oxidation der Essigsäure zu CO_2 und Wasser.

$$CH_3COOH + 2H_2O + 2O_2 \rightarrow 2CO_2 + 4H_2O - 205 \text{ kcal.}$$

Die Decarboxylierungen finden auf den Stufen der Oxalbernsteinsäure und der α-Ketoglutarsäure statt. Der Wasserstoff stammt aus den vier Dehydrogenierungsschritten des Cyclus. Das in der Nettogleichung verbrauchte Wasser stammt aus den Hydratisierungen, die im Citronensäurecyclus ablaufen. Die gewonnene freie Enthalpie entfällt vor allem auf die vier Dehydrierungsschritte, die den Hauptanteil der Energie durch die Wasserstoffoxidation beim Durchgang durch die Atmungskette liefern.

Insgesamt werden pro Mol oxidiertes Acetat 12 Mole ATP gebildet (s. S. 147ff.). Diese verteilen sich wie folgt:

Isocitronensäure	→	Oxalbernsteinsäure	3 Mole ATP
α-Ketoglutarsäure	→	Bernsteinsäure	4 Mole ATP
Bernsteinsäure	→	Fumarsäure	2 Mole ATP
Äpfelsäure	→	Oxalessigsäure	3 Mole ATP

Im α-Ketoglutarsäure-Oxidase-System erfolgt die Bildung von 1 Mol ATP auf dem Weg über die Substratphosphorylierung und von 3 Molen ATP mittels Atmungskettenphosphorylierung. Bei der Bernsteinsäureoxidation fällt ein Phosphorylierungsschritt aus, da der Substratwasserstoff unmittelbar auf ein Flavoproteid übertragen wird. Aus diesem Grund ist der P/O-Quotient in diesem System nicht 3, sondern 2. Bei der vollständigen Oxidation der Brenztraubensäure

$$CH_3COCOOH + 2^1/_2 O_2 \rightarrow 3 CO_2 + 2 H_2O$$

ist die Änderung der freien Enthalpie −273000 cal. Diesem Wert steht die Bildung von 15 Molen ATP gegenüber, die davon insgesamt etwa +120000 cal aufnehmen. (Über Änderungen der freien Enthalpie bei einigen Reaktionen des Citronensäurecyclus s. Tab. 11).

Tabelle 11

Änderungen der freien Enthalpie bei einigen Reaktionen des Citronensäurecyclus

Reaktion	ΔG° (kcal)
kond. Reaktion	− 6,2
α-Ketoglutarsäure + $^1/_2 O_2$ + CoASH → Succ.-CoA + CO_2 + H_2O	−60,7
Succinat + $^1/_2 O_2$ → Fumarat + H_2O	−36,2
Malat + $^1/_2 O_2$ → Oxalacetat + H_2O	−45,2
Fumarat + H_2O → Malat	− 0,9

Die zusammenfassende Betrachtung des Citronensäurecyclus muß weiterhin folgende Gesichtspunkte berücksichtigen:

a) Der Citronensäurecyclus stellt den Hauptweg des Endabbaues der Kohlenhydrate, Fette und Eiweiße dar;

b) er verbindet die Stoffwechselwege verschiedener Substanzgruppen und verschiedene Stoffwechselcyclen untereinander;

c) er spielt eine wichtige Rolle bei der Synthese von Zellbestandteilen. Beim letzten Punkt sind vor allem die

Hilfsreaktionen wichtig, die wie das Malat-Enzym oder die Oxalessigsäuredecarboxylase Carbonsäuren in den Cyclus einschleusen oder aus ihm entfernen.

Bedeutungsvoll ist, daß die einzelnen Glieder des Cyclus nur in relativ niedrigen („katalytischen“) Konzentrationen in den Zellen vorhanden sind. Ihre Konzentration liegt zwischen 5×10^{-7} und 5×10^{-4} Mol pro Liter. Dies weist auf eine hohe Umsatzgeschwindigkeit dieser Säuren hin.

4.4 Vergleichende Biochemie des Citronensäurecyclus

Die Enzyme des Cyclus findet man im tierischen Körper vorwiegend in den Mitochondrien, wo sie eng mit den Enzymen der Atmungskette und der Atmungskettenphosphorylierung vergesellschaftet sind. Gewisse Ausnahmen sind die $NADP^+$-spezifische Isocitronensäuredehydrogenase, Aconitase und Fumarase, die auch im Cytoplasma vorkommen.

Trotz anfänglicher Schwierigkeiten konnte der Cyclus auch in Mikroorganismen nachgewiesen werden. Es gilt als sicher, daß der Citratcyclus auch außerhalb des Tierreiches weit verbreitet ist und den wichtigsten aeroben Abbauweg in den meisten Lebewesen darstellt.

4.5. Kontrolle und Regulation des Ablaufes des Citratcyclus

Unter normalen aeroben Bedingungen kommt es nicht zu einer Akkumulation von Intermediärprodukten des Cyclus. Obgleich der Cyclus selbst nicht die Anwesenheit von Sauerstoff braucht, hängt sein Ablauf infolge seiner engen Beziehung zur Atmungskette vom O_2-Angebot ab. Unter Anaerobiose kommt es demnach unter Bildung der reduzierten Cofaktoren zu einem Stillstand des Cyclus. Daraus folgt, daß alle jene Faktoren, die einen Einfluß auf die Atmung haben, auch den Citronensäurecyclus indirekt beeinflussen. So ist der Cyclus auch vom Angebot an anorganischem Phosphat und ADP abhängig.

Die biologischen Halbwertszeiten der Zwischensubstrate des Citronensäurecyclus liegen in atmenden Zellen in der Größenordnung von wenigen Sekunden. Normalerweise sind ihre Konzentrationen sehr niedrig. Diese Tatsachen weisen auf die hohen Umsatzgeschwindigkeiten der einzelnen Glieder des Citronensäurecyclus hin.

Ein wichtiger kontrollierender Schritt des Cyclus ist seine Schlüsselreaktion, die Citratbildung aus aktivem Acetat und Oxalessigsäure (Krebs). Das folgt sowohl daraus, daß eine Akkumulation von Intermediärprodukten normalerweise nicht nachweisbar ist, als auch aus der Tatsache, daß Zufuhr von Intermediärprodukten (Succinat, α-Ketoglutarat u. a.) eine Steigerung der O_2-Aufnahme in verschiedenen Geweben bewirkt. Die Enzyme des Cyclus arbeiten allem Anschein nach normalerweise nicht unter Substratsättigung, also nicht mit maximaler Aktivität. Die Bildung der Citronensäure wird sowohl durch das Angebot von Oxalacetat und Acetyl-CoA als auch in sehr ausgewogener Weise durch allosterische Beeinflussung der Aktivität der Citratsynthetase kontrolliert.

Wenn in der Leber verstärkt Fettsäuren oxydiert werden, z. B. bei Hunger oder im Diabetes mellitus (Teil III), treten in diesem Organ eine Reihe von Stoffwechselveränderungen ein, die in einer verminderten Geschwindigkeit der Citratsynthese, einer erhöhten Bildung von Acetessigsäure und β-Hydroxybuttersäure, einer verminderten Oxidation von Pyruvat und Isocitrat, sowie in einer erhöhten Geschwindigkeit der Pyruvatcarboxylierung bestehen.

Die Citratsynthetase steht unter einer wirksamen Kontrolle des ATP und ADP. Diese Verbindungen hemmen das Enzym kompetitiv zu seinen Substraten. Unter den Bedingungen gesteigerter Fettsäureoxidation steigt intramitochondrial der ATP-Spiegel an, was zu einer Drosselung der Aktivität dieses Enzymes führt.

1) $CH_3\text{-}CO\text{-}COOH + {}^{*}CO_2 + ATP \longrightarrow HOOC^{*}\text{-}CH_2\text{-}CO\text{-}COOH + ADP + (P)$

Brenztraubensäure → Oxalessigsäure

2) $CH_3COSCoA + {}^{*}CO_2 + ATP \longrightarrow HOOC^{*}\text{-}CH_2\text{-}CO\text{-}S\text{-}CoA + ADP + (P)$

Acetyl-CoA → Malonyl-CoA

3) $CH_3CH_2CoSCoA + {}^{*}CO_2 + ATP \longrightarrow CH_3CH\overset{*}{C}OOHCOSCoA + ADP + (P)$

Propionyl-CoA → 2-Methylmalonyl-CoA

Als weitere Hemmstoffe der Citratsynthetase fungieren die CoA-Verbindungen der längerkettigen Fettsäuren, welche in der diabetischen Leber in höheren Konzentrationen vorkommen als in der normalen. Es ist auch denkbar, daß das Oxalacetat durch Konzentrationsänderungen eine Kontrolle auf die Citratbildung ausübt, da die Oxalacetatkonzentration in der Leber ($0{,}5 \cdot 10^{-5}$ M) im Regelbereich dieses Enzyms liegt ($K_M = 1 \cdot 10^{-5}$ M). Tatsächlich wurden in der diabetischen Leber gegenüber der normalen erniedrigte Oxalacetatkonzentrationen gefunden, was zu einer Erniedrigung der Citronensäurebildung führt.

Ein weiteres wichtiges allosterisches Kontrollenzym des Citronensäurecyclus ist die mitochondriale NAD-spezifische Isocitratdehydrogenase. Auch dieses Enzym wird durch das Adenylsäuresystem der Mitochondrien kontrolliert. Eine hohe Energie-Ladung hemmt, eine niedrige aktiviert dieses Enzym (Teil III).

4.6. CO_2-Fixierung

Quantitativ stellt die Photosynthese der grünen Pflanzen die umfangreichste CO_2-Fixierungsreaktion dar (s. Teil III). Schon lange ist aber auch bekannt, daß Propionsäure-Bakterien CO_2 zu binden vermögen. Diese CO_2-Fixierung besteht in der Carboxylierung der Brenztraubensäure zu Oxalessigsäure. Nach ihren Entdeckern bezeichnet man diese Reaktion als WOOD—WERKMAN-Reaktion. Später wurde gefunden, daß auch Taubenleber und andere tierische Gewebe in der Lage sind, CO_2 zu fixieren und in organische Verbindungen einzubauen.

Von besonderer Bedeutung sind dabei die ATP-abhängigen CO_2-Fixierungsreaktionen. Genannt seien die Pyruvat-Carboxylase, Acetyl-CoA-Carboxylase und Propionyl-CoA-Carboxylase (das Sternchen am CO_2 auf S. 201 soll die Orientierung hinsichtlich seiner Anlagerung erleichtern). 2-Methylmalonyl-CoA wird durch ein anderes Enzym weiter in Succinyl-CoA verwandelt.

Charakteristisch für alle diese CO_2-Fixierungen ist, daß das Kohlendioxid in eine COOH-Gruppe übergeführt wird. Durch die erste Reaktion kommt es (s. S. 201) zu einer Nettosynthese von Oxalessigsäure als „Anlassersubstanz" für den Citronensäurecyclus. Außerdem spielt diese Reaktion eine Schlüsselrolle im Prozeß der Gluconeogenese. Acetyl-CoA ist ein allosterischer Aktivator dieser Pyruvatcarboxylase.

Die zweite Reaktion hat eine große Bedeutung als Anfangsreaktion für die Synthese von gesättigten Fettsäuren. Die Aktivität dieses Enzyms wird durch langkettige Fettsäuren und durch deren CoA-Derivate allosterisch gehemmt.

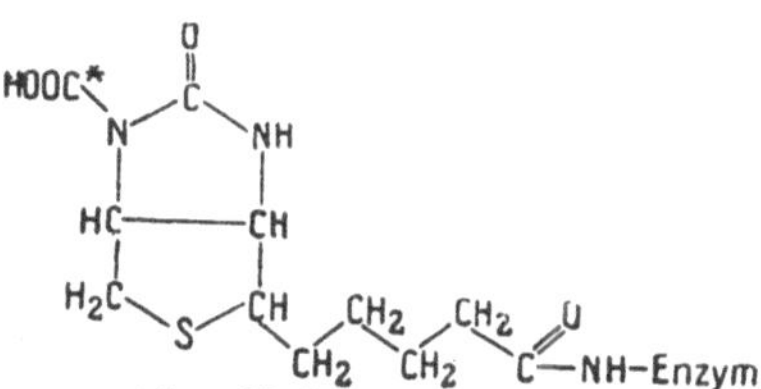

„aktives CO_2"

Das Vitamin Biotin ist als Cofaktor dieser Gruppe CO_2-fixierender Reaktionen erkannt worden. Höchstwahrscheinlich bildet sich als Zwischenprodukt „aktives CO_2", das möglicherweise einen Enzym-Biotin-CO_2-Komplex darstellt.

Die Wirkungsweise des Biotins ist die folgende:

1. ATP + CO_2 + Biotin-Enzym $\rightleftharpoons$ $^{-}$OOC-Biotin-Enzym + ADP + Ⓟ

2. $^{-}$OOC-Biotin-Enzym + Acceptor $\rightleftharpoons$ $^{-}$OOC-Acceptor + Biotin-Enzym

Bei Biotin-Mangel sind diese CO_2-Fixierungsreaktionen vermindert.

Eine weitere Gruppe CO_2-fixierender Enzyme erfordert reduzierte Pyridinnucleotide. Sie sind biotinunabhängig, ihr Gleichgewicht liegt auf der Seite der Decarboxylierung.

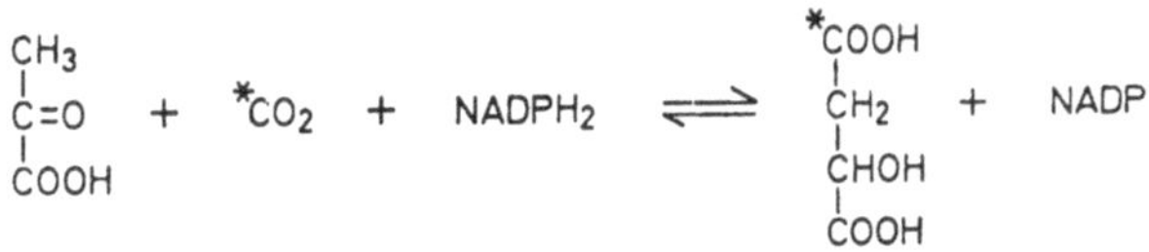

Das diese Reaktion katalysierende Enzym wird Malatenzym genannt. In diese Gruppe gehört auch die Isocitronensäuredehydrogenase (s. S. 194).

Außerdem gibt es noch eine Gruppe von Enzymen, die CO_2-Fixierungen ohne Cofaktoren zu katalysieren vermögen. Dazu gehören die Diphosphoribulose-Carboxylase (s. Kapitel Photosynthese, Teil III) und die für die Gluconeogenese höchst bedeutungsvolle Phosphopyruvat-Carboxylase.

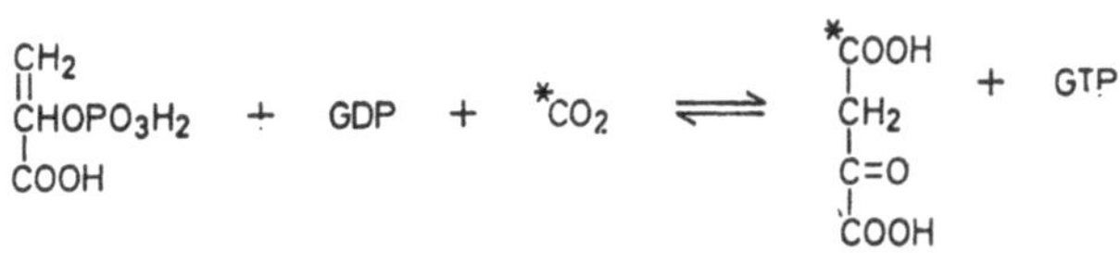

Phosphoenolbrenztraubensäure Oxalessigsäure

GTP ist stöchiometrischer Bestandteil dieser Reaktion, es ist jedoch kein Energiedonator für die CO_2-Fixierung.

4.7. *Der Glyoxylsäurecyclus*

Neben dem Citronensäurecyclus kommen in der Natur weitere cyclische Abbauwege vor, die eine verschiedene biologische Verbreitung besitzen.

Der Glyoxylsäurecyclus wurde in Hefe, *E. coli*, Aspergillus u. a. Mikroorganismen gefunden. In gewissem Sinn kann er als „modifizierter Citronensäurecyclus“ aufgefaßt werden.

Die Isocitronensäure wird in diesem Cyclus durch die „Isocitrat-Lyase“ in Bernsteinsäure und Glyoxylsäure gespalten. Die Synthese von Äpfelsäure aus Glyoxylsäure und Acetyl-CoA erfolgt

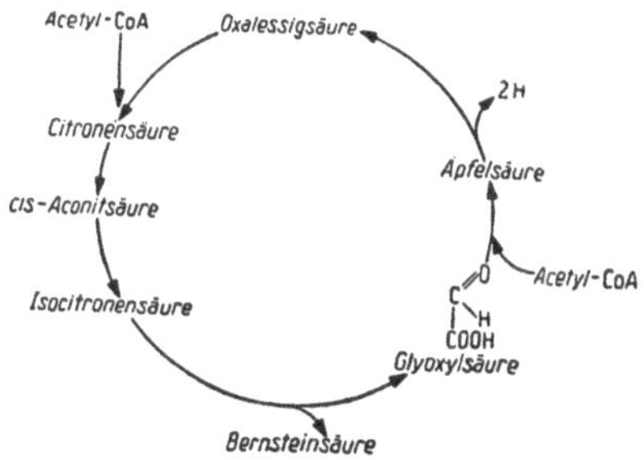

durch die „Malat-Synthetase“. Im Tierkörper kommt dieser Stoffwechselweg nicht vor.

Der Glyoxylsäurecyclus hat Bedeutung für die Umwandlung von Fett in Kohlenhydrat im Pflanzenreich. Diese Umwandlung kommt in den Samen von *Ricinus communis*, im Kürbis und in der Sonnenblume vor. Die Reaktionen sind dabei folgende:

Fettsäure
↓
Acetyl-CoA
↓ Glyoxylsäurecyclus
Bernsteinsäure
↓
Oxalessigsäure
↓
Phosphobrenztraubensäure
↓
Hexose

Sehr wahrscheinlich entstehen die beträchtlichen Mengen von Citronensäure, Fumarsäure, α-Ketoglutarsäure, die sich in verschiedenen Mikroorganismen aus Glucose bzw. Essigsäure bilden, unter Mitwirkung des Glyoxylsäurecyclus.

4.8. *Anaplerotische Stoffwechselwege*

Der Citronensäurecyclus und der in Mikroorganismen und Pflanzen vorkommende Glyoxylsäurecyclus haben im intermediären Stoffwechsel mehrere Funktionen: a) beide dienen dem Abbau von Stoffen, in dem sie C_2-Bruchstücke (Acetyl-CoA) in CO_2 umwandeln, Wasserstoff, für die Oxidation in der Atmungskette anliefern sowie Material für den Endabbau bereitstellen, b) die Stoffe für synthetische Zwecke vorbereiten, z. B. Oxalacetat, α-Ketoglutarat, Bernsteinsäure und c) Vorarbeiten für die oxidative Gewinnung von Energie in Form von ATP für biosynthetische und andere endergonische Zwecke leisten.

In diese beiden zentralen Wege des Stoffwechsels münden abbauende Wege des Kohlenhydrat-, Fett- und Eiweißstoffwechsels ein, es gehen aber von ihnen auch synthetisierende Stoffwechselwege für die drei genannten Stoffklassen aus.

Aus den mehrfachen Funktionen dieser zentralen Stoffwechselwege entstehen manche Probleme. Wenn beispielsweise Oxalacetat oder ein anderes Zwischenprodukt unter bestimmten Bedingungen für Synthesezwecke vermehrt verbraucht wird, könnte die Gefahr der Unterbrechung des Citronensäure- oder des Glyoxylsäurecyclus eintreten, da dann nicht genügend Acceptormoleküle für Acetyl-CoA bereitstehen. Es müssen demzufolge Hilfswege existieren, die eine solche Situation erkennen und verhindern. Diese Hilfswege müssen also für eine Auffüllung der Hauptabbauwege mit Zwischenprodukten sorgen, wenn eine entsprechende Notwendigkeit hierfür besteht. Man bezeichnet derartige „Auffüllungsreaktionen" als *anaplerotische Stoffwechselwege.*

Die *Isocitrat-Lyase* und die *Malat-Synthetase* sind zwei derartige *anaplerotische Enzyme*, die den Citronensäurecyclus mit C_4-Säuren auffüllen können (s. S. 205).

Dieses Beispiel zeigt, daß es berechtigt ist, den Glyoxylsäurecyclus oder Teile von ihm als einen anaplerotischen Weg für den Citronensäurecyclus zu betrachten.

Weitere anaplerotische Enzyme sind die Pyruvat-Carboxylase (s. S. 203) und das Malatenzym (s. S. 204), die aus C_3-Körpern (Brenztraubensäure) durch CO_2-Fixierung Dicarbonsäuren (Oxalessigsäure und Äpfelsäure) synthetisieren.

Ein allgemeines Kennzeichen solcher anaplerotischen Reaktionen ist ihre Irreversibilität unter zellphysiologischen Bedingungen. Ihre wichtige Funktion im Stoffwechsel bringt mit sich, daß sie an Verzweigungs- oder Mündungsstellen verschiedener Stoffwechselwege stehen. Daraus resultiert, daß ihre Aktivität einer wirksamen Kontrolle unterliegen muß. Man unterscheidet dabei eine *Grob-* und eine *Feinkontrolle.* Die *Grobkontrolle* ist dadurch charakterisiert, daß die Synthesegeschwindigkeit der jeweiligen Enzyme von der Zusammensetzung des Nährmediums abhängt. Die erforderlichen anaplerotischen Enzyme werden in ihrer Synthesegeschwindigkeit gesteigert, wenn die Bedingungen unter denen sich der Organismus oder die betreffende Zelle befindet (s. Teil IV), es erfordert.

Die *Feinkontrolle* der anaplerotischen Enzyme erfolgt mittels allosterischer Beeinflussung durch bestimmte Metabolite, wodurch die aktuelle Enzymaktivität dem jeweiligen Bedarf angepaßt wird (s. S. 84). Insgesamt besteht bei den anaplerotischen Stoffwechselwegen eine gut ausgewogene Kontrolle, die eine hohe zellphysiologische Ökonomie sichert, indem sie jeden Überschuß vermeidet und auftretende Mängel sofort ausgleicht.

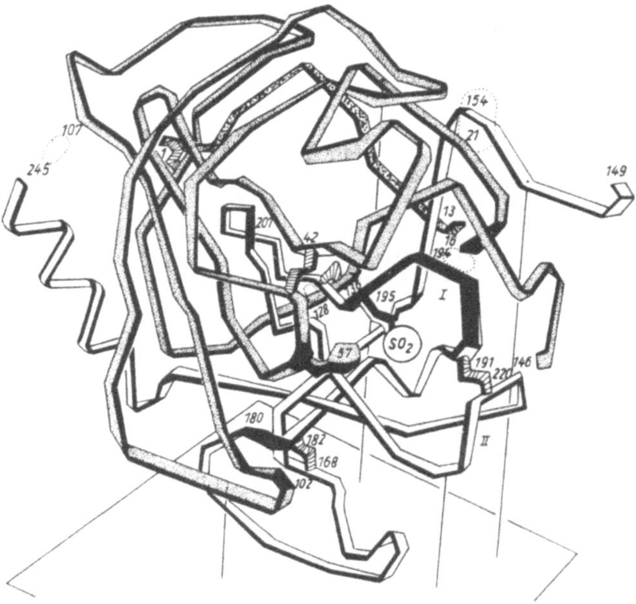
154
107
21
245
149
13
201
42
16
195
I
128
SO2
57
191
146
220
180
182
168
II
102

Tertiärstruktur von α-Chymotrypsin

Modell von α-Chymotrypsin aus Rinderpankreas nach MATTHEWS, B. W., SIGLER, P. B., HENDERSON, R., und BLOW, D. M.: Nature (London) **241**, (1967) 652

Die drei Polypeptidketten A (punktiert), B (grau) und C (weiß) sind nach dem Verlauf ihrer Peptidbindungen bandartig dargestellt. Die Zahlen geben die Positionen bestimmter Aminosäuren an. Lediglich für Ser 195 und His 57 sind die Seitenketten (Aminosäurereste) eingezeichnet.

A-Kette: Cys 1 (N-terminal) bis Leu 13 (C-terminal)
B-Kette: Ileu 16 (N-terminal) bis Tyr 146 (C-terminal)
C-Kette: Ala 149 (N-terminal) bis Asp 245 (C-terminal)

Die schraffierten Disulfidbindungen innerhalb einer Kette (Spangen) oder zwischen zwei Ketten (Brücken) haben den charakteristischen zick-zackförmigen Verlauf: Spangen 42–58, 168–182, 191–220 und Brücken 1–122, 136–201.
Durch punktierte Linien sind folgende Ionenbindungen eingekreist worden:

Ileu⊕ 16–Asp⊖ 194, Glu⊖ 21–Arg⊕ 154,
Asp⊖ 128–Lys⊕ 203,
Asp⊖ 245 (α-Carboxylgruppe)–Lys⊕ 107.

Aus dem katalytischen Zentrum ragt der Tosylrest („SO_2"), mit dem das Ser 195 markiert ist, und die 3 Å davon entfernte Imidazolgruppe von His 57. Die schwarz ausgefüllten Abschnitte stellen katalytisch wichtige Bereiche dar: Ileu 16, His 57, Asp 102, Met 180, Gly193 – Asp 194 – Ser 195 – Gly 196, Tyr 207.
Außer der Schleife I, die von den Aminosäuren 190–195 gebildet wird, ist auch die Schleife II der C-Kette für die Katalyse von Bedeutung (s. Text auf Seite 70 ff.).

5. Hinweise auf weiterführende und vertiefende Literatur bzw. Originalveröffentlichungen

I. Enzyme

R. M. S. SMELLIE: Chemical Reactivity and biological role of functional groups in enzymes, Academic Press London, 1970

H. SUND: Pyridine nucleotide dependent dehydrogenases, Springer Verlag, Berlin—Heidelberg—New York

S. A. BERNHARD: Structure and function of enzymes, W. A. Benjamin, Inc. New York—Amsterdam 1968

H. GUTFREUND: Enzymes: Physical principles, Wiley—Interscience, London 1972

L. B. WINGARD: Enzyme engineering, Interscience Publishers 1972

M. DIXON and E. C. WEBB: Enzymes, Longman, London 1964

O. WARBURG: Schwermetalle als Wirkungsgruppen von Fermenten, Saenger, Berlin 1948

F. MCCAPRA: Die Chemie der Biolumineszenz, Endeaveour 32, 139 (1973)

T. E. BARMAN: Enzyme Handbook Bände I u. II, Springer-Verlag, Berlin—Heidelberg—New York 1969

J. MONOD: Von der enzymatischen Adaptation zur allosterischen Umlagerung, Angewandte Chemie 78, 694 (1966)

A. E. BRAUNSTEIN: Enzyme (russ.), Verlag Nauka, Moskau 1964

W. D. MCELROY and B. GLASS: The mechanism of enzyme action, The Johns Hopkins Press, Baltimore 1954

E. HOFMANN und H. BÖHME: Reaction mechanisms and control properties of phosphotransferases, Akademie Verlag, Berlin 1973

P. D. BOYER: The enzymes (mehrere Bände), Academic Press, New York und London, 1970 und folgende Jahre

W. P. JENCKS: Catalysis in chemistry and enzymology, McGraw-Hill Book Company, New York, 1971

J. M. TORCHINSKY: Structur und Funktion der aktiven Zentren von Fermenten (russ.). Verlag Nauka, Moskau 1971

W. L. KRETOWITSCH: Einführung in die Enzymologie (russ.). Verlag Nauka, Moskau (1967)

S. P. COLOWICK und N. O. KAPLAN: Methods in enzymology (mehrbändig). Academic Press, New York (erscheint fortlaufend)

D. E. KOSHLAND: Correlation of structure and function in enzyme action. Science 142, 1533 (1963)

F. F. NORD: Advances in Enzymology. Interscience Publishers, New York und London (erscheint fortlaufend)

E. HOFMANN: Enzyme als Kontrolleinheiten des Stoffwechsels. Wiss. Zeitschrift der Karl-Marx-Universität Leipzig **17**, 597 (1968)

E. HOFMANN: Wirkungsweise und Evolution von Enzymen. Wiss. Zeitschrift der Karl-Marx-Universität **21**, 493 (1972)

M. FLORKIN, E. H. STOTZ: Comprehensive biochemistry, erscheint fortlaufend (bisher etwa 30 Bände). Elsevier Scientific Publishing Company Amsterdam

K. J. LAIDLER: The chemical kinetics of enzyme action, Clarendon Press, Oxford (1958)

T. W. GOODWIN, J. J. HARRIS, B. S. HARTLEY: Structure and activity of enzymes. Academic Press, London—New York 1964

Mechanismen enzymatischer Reaktionen, 14. Colloquium der Gesellschaft für Physiologische Chemie. Springer-Verlag, Berlin—Göttingen—Heidelberg 1964

H. GUTFREUND und J. R. KNOWLES: The foundations of enzyme action in: P. N. CAMPBELL and G. D. GREVILLE, Essays in Biochemistry, Bd. 3, 25 (1967)

T. DEVENYI, P. ELÖDI, T. KELETI, G. SZABOLCSI: Strukturelle Grundlagen der biologischen Funktion der Proteine. Akademiai Kiado, Budapest 1969

J. MONOD, J. WYMAN und J. P. CHANGEUX: On the nature of allosteric transition: A plausible model. Journal of Molecular Biology **12**, 88 (1965)

II. Biochemische Thermodynamik

H. Netter: Theoretische Biochemie. Springer-Verlag, Berlin und Heidelberg, 1959

J. M. Klotz: Grundlagen biochemischer Energetik. Thieme-Verlag, Stuttgart 1960

A. L. Lehniger: Bioenergetics. Benjamin Inc., New York 1965

III. Biologische Oxidation

J. Järnefelt: Regulatory functions of biological membranes. Elsevier Publishing Company, Amsterdam 1968

H. Bielka (Hrsgb.): Molekulare Biologie der Zelle. VEB Gustav Fischer Verlag Jena, 1973

T. E. King and M. Klingenberg: Electron and coupled energy transfer in biological systems. Marcel Dekker, Inc. 1971

E. C. Slater, Z. Kaniuga and L. Woitczak: Biochemistry of mitochondria. Academic Press London 1967

B. Chance, R. W. Estabrook und J. R. Williamson: Control of energy metabolism. Academic Press, New York 1966

J. M. Tager, S. Papa, E. Quagliariello und E. C. Slater: Regulation of metabolic processes in mitochondria. Elsevier publishing Company, Amsterdam 1966

E. C. Slater: Flavins and Flavoproteins. Elsevier Publishing Company 1966

S. Papa, J. M. Tager, E. Quagliariello und E. C. Slater: The energy level and metabolic control in mitochondria. Adriatica editrice, Bari 1969

H. Beinert, N. R. Orme-Johnson und R. E. Hansen: A new look at the electron-transfer system of heart mitochondria. Biochem. Society Transactions **1**, 32 (1973)

A. Lehninger: The mitochondrion. Molecular basis of structure and function W. A. Benjamin, Inc., New York 1964

R. Dargel: Zur Wirkung von Entkopplern der oxydativen Phosphorylierung. Wiss. Zeitschrift der Karl-Marx-Universität **21**, 581 (1972)

P. MITCHELL: Chemiosmotic coupling and energy transduction, Bodmin, Cornwall 1968

T. W. GOODWIN und O. LINDBERG: Biological structure and function. Academic Press, London—New York 1961

IV. Citronensäurecyclus und verwandte Stoffwechselwege

H. A. KREBS: Der Citronensäurecyclus. Angewandte Chemie **66**, 313 (1954)

S. OCHOA: Enzymic Mechanisms in the Critic Acid Cycle. Advances in Enzymology **15**, 183 (1954)

F. LYNEN: Der Weg von der „aktivierten Essigsäure" zu den Terpenen und Fettsäuren. Angewandte Chemie **77**, 929 (1965)

H. L. KORNBERG: Anaplerotic Sequences and their Rôle in Metabolism in: P. N. Campbell and G. D. Greville, Essays in Biochemistry, Bd. 2, 1 (1966)

6. Sachregister

Der Verfasser

- behandelt die Gesetzmäßigkeiten der biologischen Katalyse und die grundlegenden Mechanismen der Enzymkatalyse

- gibt eine Einführung in die biochemische Thermodynamik und erläutert die Problematik der Thermodynamik offener Systeme

- beschreibt eingehend die Mechanismen der biologischen Oxidation und beleuchtet kritisch die Theorien über die Mechanismen der Energietransformation in biologischen Systemen

- vermittelt eingehende Kenntnisse über den Endabbau des Kohlenstoffgerüstes der Kohlenhydrate, Fett- und Aminosäuren und die Mechanismen der Wasserstoffanlieferung für die Atomkette (Citronensäurecyclus u. a.)

- wendet sich an alle Naturwissenschaftler und Mediziner, an die Studierenden der Medizin, Biochemie, Biologie, Pharmazie und Landwirtschaft sowie an Oberschullehrer

---

WISSENSCHAFTLICHE TASCHENBÜCHER

FSC
www.fsc.org
MIX
Papier | Fördert gute Waldnutzung
FSC® C083411

Zeitfracht Medien GmbH
Ferdinand-Jühlke-Straße 7
99095 Erfurt, Deutschland
produktsicherheit@kolibri360.de